单片机技术项目教程

张　静　李　攀　杨永兆　编著

东南大学出版社
SOUTHEAST UNIVERSITY PRESS
·南京·

内容简介

本书基于51系列单片机展开介绍，共设置有7个项目17个任务，采用“项目引导、任务驱动”的模式，突出“学、教、做”相融合，实现理论与实践相统一。本书注重职业岗位要求的单片机基本技能训练和单片机综合应用系统开发技能训练，实物搭建与软件仿真相结合，每个项目任务都按照单片机典型应用系统开发设计模式介绍，包括相关知识介绍、元器件介绍、电路实物连接图或仿真图设计、程序编写思路和程序代码示例、功能调试和功能扩展。

本书提供所有项目任务的电路、程序代码及控制效果演示视频等学习资源，可以作为职业院校应用电子技术、物联网应用技术、电气自动化技术等专业单片机技术课程的教材及教学参考，也可以作为电子产品制作爱好者的自学用书。

图书在版编目(CIP)数据

单片机技术项目教程 / 张静，李攀，杨永兆编著
. — 南京 ：东南大学出版社，2022.10
ISBN 978-7-5766-0251-7

Ⅰ.①单… Ⅱ.①张… ②李… ③杨… Ⅲ.①单片微型计算机—教材 Ⅳ.①TP368.1

中国版本图书馆CIP数据核字(2022)第178085号

责任编辑：史 静 **责任校对**：韩小亮 **封面设计**：顾晓阳 **责任印制**：周荣虎

单片机技术项目教程

Danpianji Jishu Xiangmu Jiaocheng

编　著	张 静 李 攀 杨永兆
出版发行	东南大学出版社
社　址	南京市四牌楼2号(邮编：210096 电话：025-83793330)
经　销	全国各地新华书店
印　刷	江苏凤凰数码印务有限公司
开　本	787mm×1092mm 1/16
印　张	12.25
字　数	283千字
版　次	2022年10月第1版
印　次	2022年10月第1次印刷
书　号	ISBN 978-7-5766-0251-7
定　价	45.00元

本社图书若有印装质量问题，请直接与营销部联系，电话：025-83791830。

前　言

“单片机技术”课程是电子信息类、自动化类专业的专业核心课程之一，而项目式教学是培养学生的单片机技术应用能力的有效教学手段，针对单片机课程实践性和技术性很强的特点，通过项目式教学，使学生在已有单片机基础理论的基础上，掌握电子电路设计、程序设计以及软硬件调试等技能，培养学生的单片机控制系统设计能力。

本书通过项目案例，阐述单片机控制系统的设计思路及实施过程。本书由 7 个项目共 17 个任务组成，包括基础知识（单片机结构及开发工具）、单片机基础应用（LED 灯控制、独立式按键控制）、数码管显示器应用、中断系统及定时器/计数器应用、A/D 和 D/A 转换技术应用、串行通信技术应用、智能避障小车设计组成，项目内容由浅入深、由易到难、由部分到综合，循序渐进，符合学生的学习和认知特点。

本书注重设计思路和设计过程，所有项目的硬件部分均包含设计思路、原理图、元件选择及参数计算，软件部分均包括编程思路、程序流程图及具体程序代码，将实物搭建与软件仿真相结合。希望通过本书，使学生掌握常用的单片机控制系统设计方法，并建立一种基于单片机的典型电子系统开发的设计模式，以供学生学习时参考和借鉴。全书所有项目案例均由课程组老师开发完成，素材齐备，每个项目任务的电路、程序代码及控制效果都可以通过扫描相应二维码获得，能够为学习者提供快速便利的学习资源。

本书由上海工程技术大学、上海市高级技工学校的张静、李攀和杨永兆老师编写。张静老师负责项目 4～项目 7 的内容编写，李攀老师负责项目 2 和项目 3 的内容编写，杨永兆老师负责项目 1 和所有附录的内容编写。本书编写过程中，在资料收集和技术交流方面，得到了学校和企业专家的大力支持，在此表示诚挚的感谢。

由于编者水平有限，书中难免有错误和不妥之处，敬请广大读者批评指正。

编　者

2022 年 3 月

目　　录

项目1　必备基础知识

引言

本项目主要介绍单片机的基础知识。通过本项目的学习，可以认识单片机及其最小系统，学会利用单片机程序开发软件进行程序的编写和编译。

项目目标

- 了解什么是单片机和单片机能做什么
- 熟悉单片机的外部引脚分布
- 熟悉单片机程序开发软件的使用

项目任务

- 认识单片机
- 掌握单片机外部引脚分布
- 熟练使用单片机程序开发软件

项目相关知识

1　电平特性

单片机是一种数字集成芯片，数字电路中只有两种电平：高电平和低电平。我们暂且定义单片机输出与输入为 TTL 电平，其中高电平为+5 V，低电平为 0 V。计算机的串口为 RS-232C 电平，该电平为负逻辑电平，其中高电平为−12 V，低电平为+12 V。因此，当计算机与单片机之间要通信时，需要增加电平转换芯片，常用的电平转换芯片为 MAX232。

背景知识

常用的逻辑电平有 TTL、CMOS、LVTTL、ECL、PECL、GTL、RS-232、RS-422、RS-485、LVDS 等，其中 TTL 和 CMOS 的逻辑电平按典型电压可分为四类：5.0 V 系列(5.0 V TTL 和 5.0 V CMOS)、3.3 V 系列、2.5 V 系列和 1.8 V 系列。关于 TTL 和 CMOS 电平的相关知识，请参考附录 1。

2 数据进制及其转换

单片机是信息处理的工具，任何信息必须转换成二进制形式的数据后才能由单片机进行处理、存储和传输。在单片机中常用的进制有二进制、十进制和十六进制。关于二进制、十进制和十六进制的相关知识，请参考附录2。

3 编程语言基础

51系列单片机常用的编程语言主要有汇编语言和由C语言演变而成的C51语言。使用汇编语言编写的程序目标代码短，占用存储空间小，执行速度快，能充分发挥单片机硬件功能；但是对于复杂的应用来讲，汇编语言编程复杂，程序可读性和可移植性也远远低于C51程序。

C51语言是一种专门为51单片机设计的高级语言，支持符合ANSI标准的C语言程序设计，同时针对51单片机的自身特点做了一些扩展，主要包括数据类型的扩展（C51语言中增加了特殊功能寄存器类型（sfr）、特殊功能位类型（sbit）和位变量类型（bit）等）、头文件的扩展（C51中增加了reg51.h等头文件）、中断函数的定义（由规定的函数命名规则，不同于C语言中函数命名）、单片机输入/输出端口定义等。单片机C51语言编程的优点如下：

（1）对单片机的指令系统不要求有任何的了解，可以用C51语言直接编程操作单片机。

（2）寄存器分配、不同存储器的寻址及数据类型等完全由编译器自动管理。

（3）程序有规范的结构，可分成不同的函数，可使程序结构化。

（4）库中包含许多标准子程序，具有较强的数据处理能力，使用方便。

（5）具有方便的模块化编程技术，使编写的程序很容易移植。

任务1.1 认识单片机

任务目标

- 了解什么是单片机
- 了解单片机的用途
- 熟悉单片机的外部引脚分布

任务内容

- 掌握单片机的概念
- 掌握单片机的用途
- 掌握单片机的外部引脚分布

任务相关知识

1 手动控制LED亮灭

如图1.1所示，在面包板上插入一个LED，串联一个220 Ω的电阻，最后连接两节5号干电池，连接完成的实物如图 1.2 所示。LED 上较长的引脚是正极，连接电池的正极；较短的引脚是负极，连接电池的负极。电路接通后，电流从电池的正极流出，经过 LED 流回电池的负极，LED 发光。连接电阻是为了防止 LED 因流经的电流太大而烧毁所采取的保护措施。请扫描下方的二维码，查看电路连接。

整个电路接通时，LED 发出亮光，断开电路则 LED 也随之熄灭。请按图 1.1 将器件串联起来，试试看，你能让 LED 发光吗？

电路连接

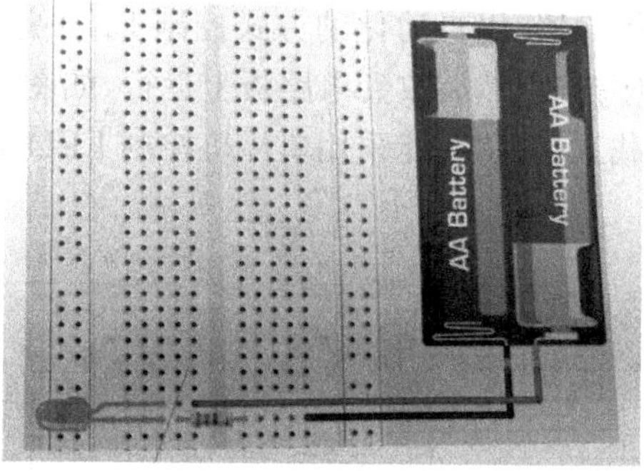

图 1.1　电路接线图

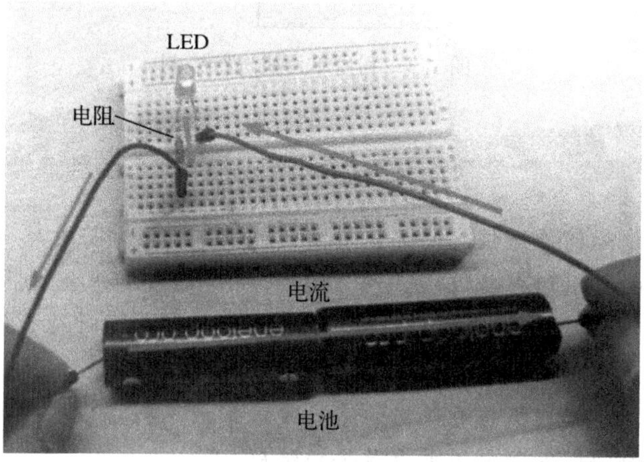

图 1.2　手动控制 LED 的亮灭

提　示

电源为两节干电池的情况下用 220 Ω 的电阻为宜。LED 的电流一般在 20 mA 以下，根据两节 5 号电池的电压计算得到电阻为 150 Ω(3 V÷20 mA)，所以选择一个接近 150 Ω 的电阻即可。尽管电阻上有色环表示阻值，但不易看清，所以最好用万用表来测量电阻值，具体的测量方法请参照附录 3。

2 自动控制 LED 亮灭

如果要让 LED 每隔 0.5 s 亮一次，该怎么办？可以考虑捏着 LED 的引脚每隔 0.5 s 接触一次电池，但是这样既不能很精确地保证 LED 每隔 0.5 s 亮一次，也不可能一直持续下去。再进一步，如果要每隔 0.1 s 亮一次，还能依靠手动控制吗？尽管历史上的莫尔斯电报就是用手动控制连接和断开电路来进行信号发送的，且信号的长度可以精确到 0.1 s，但是成为一名合格的发报员需要经过长期的培训。随着电子技术的发展，我们可以使用单片机这类可编程微控制器，以自动化的方式控制 LED 亮灭。借助单片机的硬件和软件，人们可以把想法用程序描述，然后放到电路板上运行，如图 1.3 所示。接下来我们将介绍安装编程工具和程序下载工具，从而能采用单片机控制 LED 的亮灭。

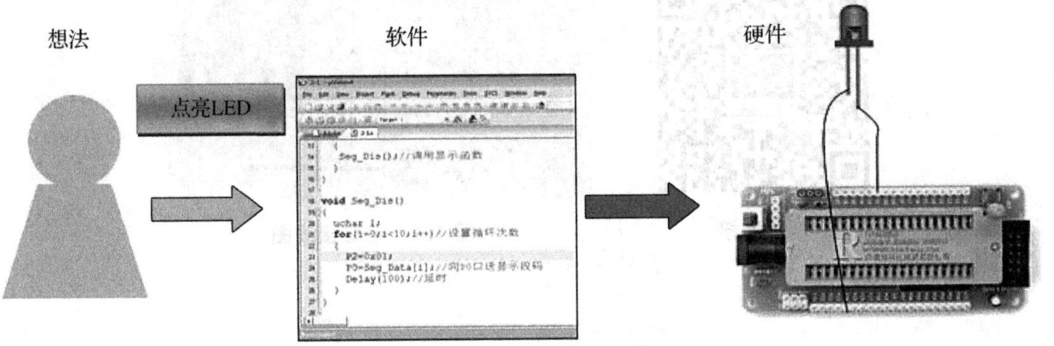

图 1.3 利用单片机进行控制

> **背景知识**
>
> 莫尔斯电报是如何传递信息的呢？在发送电报时，电键将电路接通或断开。信息是以“点”和“划”的电码形式传递，发一个“点”需要 0.1 s，发一个“划”需要 0.3 s。而电信号的状态有两种：按键时有电流，不按键时无电流。有电流时称为传号，用数字“1”表示；无电流时称为空号，用数字“0”表示。这样，一个“点”就用“1 0”表示，一个“划”就用“1 1 1 0”表示。莫尔斯电报将要传送的字母或数字用不同排列顺序的“点”和“划”来表示，这就是莫尔斯电码，也是电信史上最早的编码。

任务实施

1 单片机的概念

用专业语言来讲，单片机就是在一块硅片上集成了微处理器、存储器及各种输入/输出接口的芯片，这样一块芯片就具有了计算机的属性，因而被称为单片微型计算机，简称单片机。

用通俗语言来讲，单片机就是一块集成芯片，但这块集成芯片具有一些特殊功能，而它的功能的实现要靠使用者自己来编程完成。我们编程的目的就是控制这块芯片的各个引脚在不同的时间输出不同的电平（高电平或低电平），进而控制与单片机各个引脚相连接的外围电路的电气状态。编程时我们可以选择用 C 语言或汇编语言，建议直接选用 C 语言编程，即使对汇编语言一点不了解也不会影响掌握单片机，反而在学习进度上比先学汇编语言编程要快得多。

2　单片机标号信息及封装类型

本书主要讲解的是目前国内外用得较多的以 51 内核扩展出的单片机，即通常所说的 51 单片机。世界上不同国家的很多芯片厂商都生产了各种单片机，以 51 单片机为例，主要芯片厂商的产品如表 1.1 所示。

表 1.1　51 单片机芯片厂商产品列表

厂商	产品
AT(Atmel)	AT89C51、AT89C52、AT89C53、AT89C55、AT89LV52、AT89S51、AT89S52 等
Philips(飞利浦)	P80C54、P80C55、P87C54、P87C58、P87C524、P87C528 等
Winbond(华邦)	W78C54、W78C58、W78E54、W78E58 等
Intel(英特尔)	i87C54、i87C58、i87L58、i87C51FB、i87C51FC 等
Siemens(西门子)	C501-1R、C501-1E、C513A-H、C503-1R、C504-2R 等
STC	STC89C51RC、STC89C52RC、STC89C53RC、STC89LE51RC、STC89LE52RC 等

由于厂商及芯片型号太多，我们不能一一列出，以上所提到的都是 51 内核扩展出来的单片机，也就是说只要学会 51 单片机的操作，对这些单片机便全部都会操作了。

关于芯片上的标号，下面举例说明，其他厂商的芯片标号大同小异。如图 1.4 所示，芯片上的全部标号为 STC 89C52RC 35I-PDIP40：1647HNM924. C90C，标号各部分的含义解释如下：

图 1.4　STC 单片机实物图

(1) STC：前缀，表示芯片为 STC 公司生产的产品。其他前缀还有如 AT、i、Winbond、SST 等。

(2) 8：表示该芯片为 8051 内核芯片。

(3) 9：表示芯片内部含 Flash EEPROM(带电可擦编程只读存储器)。还有如 80C51 中的 0 表示芯片内部含 Mask ROM(掩膜只读存储器)，87C51 中的 7 表示芯片内部含 EPROM(紫外线可擦除只读存储器)。

(4) C：表示该器件为 CMOS 产品。还有如 89LV52 和 89LE58 中的 LV 和 LE 都表示该芯片为低电压产品(通常为 3.3 V 电压供电)，而 89S52 中的 S 表示该芯片含有具备可串行下载功能的 Flash 存储器，即具有 ISP 可在线编程功能。

(5) 5：固定不变。

(6) 2：表示该芯片内部的程序存储空间大小，1 为 4 KB，2 为 8 KB，3 为 12 KB，即该数乘上 4 KB 就是该芯片内部的程序存储空间大小。程序存储空间大小决定了一个芯片所能装入的执行代码有多少。一般来说，程序存储空间越大，芯片价格也越高，所以我们在选择芯片时要根据自己的硬件设备实现功能所需代码的大小来选择价格合适的芯片，只要程序能装得下，同类芯片的不同型号不会影响其功能。

(7) RC：表示 STC 单片机内部 RAM(随机读写存储器)为 512 B。还有如 RD+表示内部 RAM 为 1 280 B。

(8) 35：表示芯片外部晶振最高可接入 35 MHz。对于 AT 单片机，该数值一般为 24，表示其外部晶振最高为 24 MHz。

(9) I：产品级别，表示芯片的使用温度范围。I 表示工业级，使用温度范围为 −40 ℃～85 ℃。

(10) PDIP40：产品封装形式。PDIP 表示双列直插式，其他封装形式可参考附录 4；40 表示芯片引脚共 40 个。

(11) 1647：表示本批芯片的生产日期为 2016 年第 47 周。

(12) HNM924.C90C：不详(有关资料显示，此标号表示芯片制造工艺或处理工艺)。

背景知识

C：表示商业用产品，使用温度范围为 0 ℃～70 ℃。

I：表示工业用产品，使用温度范围为 −40 ℃～85 ℃。

A：表示汽车用产品，使用温度范围为 −40 ℃～125 ℃。

M：表示军用产品，使用温度范围为 −55 ℃～150 ℃。

3 单片机能做什么

单片机是一种可通过编程控制的微处理器，单片机芯片自身不能单独运用于某项工程或产品上，它必须要靠外围数字器件或模拟器件的协调才可发挥其自身的强大功能，所以我们在学习单片机知识的同时不能仅仅学习单片机的一种芯片，还要循序渐进地学习它外围的数字及模拟芯片知识，以及常用的外围电路设计与调试方法等。

单片机属于控制类数字芯片，目前其应用领域已非常广泛，举例如下：

(1) 工业自动化，如数字采集、测控技术。

(2) 智能仪器仪表，如数字示波器、数字信号源、数字万用表、感应电流表等。

(3) 消费类电子产品，如洗衣机、电冰箱、空调机、电视机、微波炉、IC 卡、汽车电子设备等。

(4) 通信，如调制解调器、程控交换技术、手机等。

(5) 武器装备，如飞机、军舰、坦克、导弹、航天飞机、鱼雷制导、智能武器等。

这些电子器件内部无一不用到单片机，而且大多数电器内部的主控芯片就是由一块单片机来控制的，可以说，凡是与控制或简单计算有关的电子设备都可以用单片机来实现，当然，需要根据实际情况选择不同性能的单片机。

任务 1.2　单片机外部引脚分布

任务目标

➢ 熟悉单片机不同封装的引脚图和实物图
➢ 熟悉 40 引脚 51 单片机的最小系统电路板

任务内容

➢ 了解单片机不同封装的引脚图和实物图
➢ 了解 40 引脚 51 单片机的最小系统电路板的引脚与接口

任务相关知识

每一种元器件都有一定的外形，可以称之为封装。元器件的封装都是有国际标准的，不同元器件的封装形式不一样，即使是同一个器件也可以有多个封装。封装大致分为两类：DIP 直插式和 SMT 贴片式，如图 1.5 和图 1.6 所示。

图 1.5　DIP 封装

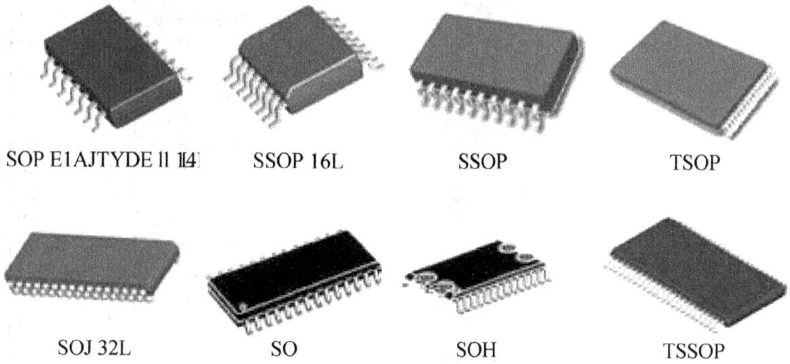

图 1.6　SMT 封装

任务实施

本书主要涉及 51 系列单片机，如图 1.7 所示为 51 单片机不同封装的引脚图和实物图，其中标有 NC 指的是不连接(No Connect)。我们首先应该学会如何在实物上区分引脚序号，基于 8051 内核的单片机，若引脚数相同或者封装相同，它们的引脚功能是相同的，其中用得较多的是 40 脚 DIP 封装的 51 单片机。也有 20、28、32、44 等不同引脚数的 51 单片机，不能认为单片机都是 40 脚的。

背景知识

无论哪种芯片，当我们观察它的表面时，大都会找到一个凹进去的小圆坑，或者用颜色标识的一个小标记（圆点、三角或其他小图形），这个小圆坑或者小标记所对应的引脚就是这个芯片的第1引脚，然后按逆时针方向数下去，即从第1引脚数到最后一个引脚。

提 示

在实际焊接或者绘制电路板时，大家务必注意它们的引脚标号，否则若焊接错误，那完成的作品是绝对不可能正常工作的。

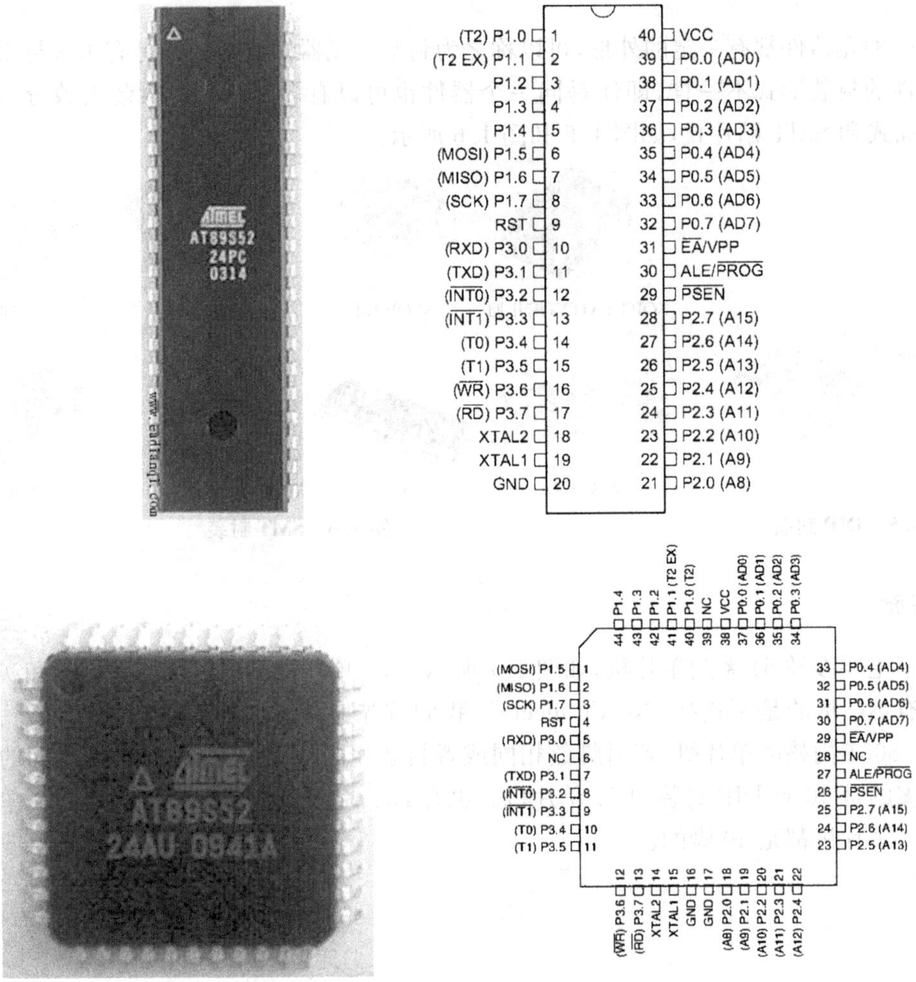

图 1.7　51 系列单片机实物图和引脚分布图

想让单片机工作，必须给它提供电源、晶振和复位，因此电源电路、晶振电路、复位电路和单片机芯片称为单片机最小系统。单片机最小系统实物图如图 1.8 所示，其中 40 脚是电源端口；20 脚是接地端口；18 和 19 脚是晶振端口；9 脚是复位端口，与复位按钮相连；31 脚接高电平表示单片机先从内部 ROM（比如 4 KB）读取程序，当超过 4 KB 时，就会从外部 ROM 读取程序。单片机最小系统板上的各类引脚和接口介绍如下：

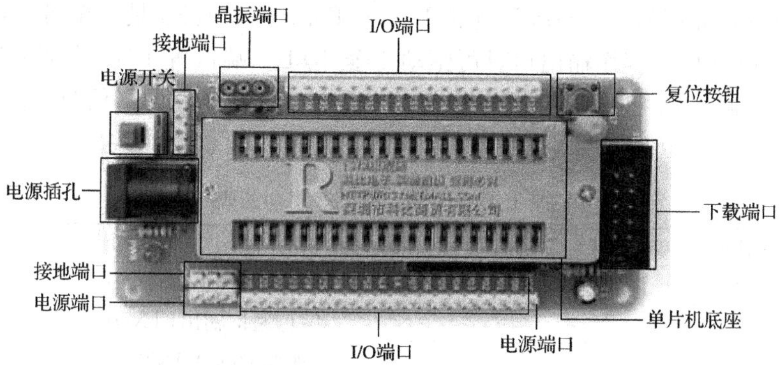

图 1.8　单片机最小系统实物图

1）外接电源插孔

通过左侧的圆形插孔为单片机最小系统板工作提供电压，一般单片机工作电压为 5 V。

2）供电端口

用于给外部器件供电，有 5、V_{CC}和 V_{in}三种标识，GND 表示接地端子。

3）晶振端口

标识为 Y1 的三个端子，用于连接外部晶振，为单片机系统提供基准时钟信号，单片机内部所有的工作都是以这个时钟信号为步调基准来进行工作的。STC89C51 单片机的 18（XTAL2）脚和 19（XTAL2）脚是晶振引脚，XTAL1 是片内振荡器的反相放大器输入端，XTAL2 则是输出端，使用外接时钟电路时，外部时钟信号应直接加到 XTAL1，而 XTAL2 悬空。使用内部时钟电路时，必须在 XTAL1 和 XTAL2 引脚两端跨接石英晶体振荡器和两个微调电容构成振荡电路，通常微调电容值一般取 30 pF，石英晶体振荡器的频率取值在 1.2～12 MHz 之间。晶体振荡器的振荡信号从 XTAL2 端送入内部时钟电路，它将该振荡信号二分频，如晶振为 12 MHz，则时钟频率就为 6 MHz。

4）I/O 端口

（1）P0 端口（标识为 P00～P07，连接 P0.0～P0.7 端口）：P0 是一个 8 位漏极开路型双向 I/O 端口，端口置 1（对端口写 1）时用作高阻抗输入端。用作输出口时可驱动 8 个 TTL。对内部 Flash 程序存储器编程时，接收指令字节；校验程序时输出指令字节，要求外接上拉电阻。在访问外部程序和外部数据存储器时，P0 口是分时转换的地址（低 8 位）/数据总线，访问期间内部的上拉电阻起作用。

（2）P1 端口（标识为 P10～P17，连接 P1.0～P1.7 端口）：P1 是一个带有内部上拉电阻的 8 位双向 I/O 端口。用作输出口时可驱动 4 个 TTL。端口置 1 时，内部上拉电阻将端口拉到高电平，作输入用。对内部 Flash 程序存储器编程时，接收低 8 位地址信息。

(3) P2 端口(标识为 P20～P27,连接 P2.0～P2.7 端口):P2 是一个带有内部上拉电阻的 8 位双向 I/O 端口。用作输出口时可驱动 4 个 TTL。端口置 1 时,内部上拉电阻将端口拉到高电平,作输入用。对内部 Flash 程序存储器编程时,接收高 8 位地址信息和控制信息。在访问外部程序和 16 位外部数据存储器时,P2 口送出高 8 位地址。而在访问 8 位地址的外部数据存储器时,其引脚上的内容在此期间不会改变。

(4) P3 端口(标识为 P30～P37,连接 P3.0～P3.7 端口):P3 是一个带有内部上拉电阻的 8 位双向 I/O 端口。用作输出口时可驱动 4 个 TTL。端口置 1 时,内部上拉电阻将端口拉到高电平,作输入用。对内部 Flash 程序存储器编程时,接收控制信息。除此之外 P3 端口还可用于一些兼用功能,具体请看表 1.2 所示。

表 1.2 P3 端口引脚兼用功能表

P3 引脚	兼用功能
P3.0	串行通信输入(RXD)
P3.1	串行通信输出(TXD)
P3.2	外部中断 0($\overline{\text{INT0}}$)
P3.3	外部中断 1($\overline{\text{INT1}}$)
P3.4	定时器 0 输入(T0)
P3.5	定时器 1 输入(T1)
P3.6	外部数据存储器写选通
P3.7	外部数据存储器读选通

提 示

P1～P3 端口在作输入使用时,因内部有上拉电阻,被外部拉低的引脚会输出一定的电流。

任务 1.3 单片机程序开发软件

任务目标

- 熟练安装 Keil 开发软件
- 熟悉利用 Keil 软件创建工程项目的步骤
- 熟练利用 Keil 软件创建 C 文件并添加到项目中
- 熟练编译、调试程序并生成 HEX 文件

任务内容

- 安装 Keil 开发软件

➢ 利用 Keil 软件创建工程项目
➢ 利用 Keil 软件创建 C 文件并添加到项目中
➢ 编译、调试程序并生成 HEX 文件

任务相关知识

单片机开发中除必要的硬件外,同样离不开软件,早期用于 51 系列单片机的编程软件有 A51,随着单片机开发技术的不断发展,从普遍使用汇编语言开发到逐渐使用高级语言开发,单片机的开发软件也在不断发展,Keil 软件是目前最流行的 51 系列单片机开发软件。掌握 Keil 的使用对于使用 51 单片机的用户来说是十分必要的,如果用户使用 C 语言编程,那么 Keil 几乎就是不二之选(目前在国内只能买到该软件,而买的仿真机也很可能只支持该软件),即使用户不使用 C 语言而仅用汇编语言编程,Keil 方便易用的集成环境、强大的软件仿真调试工具也会令其事半功倍。

任务实施

本书的项目是在 Windows 环境下开发的,所以这里以 Windows 环境为例展示开发环境搭建步骤。大致流程是:安装 Keil 软件,编写程序、编译并生成 HEX 文件。

1）安装 Keil 软件

Keil 是众多单片机应用开发软件中的优秀软件之一,支持众多不同公司的 51 架构的芯片,集编辑、编译、仿真等功能于一体,同时还支持 PLM、汇编和 C 语言的程序设计。它的界面和常用的微软 VC++的界面相似,界面友好,易学易用。此外,它在程序调试、软件仿真方面也有很强大的功能。因此很多开发 MCS-51 应用的工程师或普通的单片机爱好者都十分喜欢用它来进行开发。要使用 Keil,必须先安装它。Keil 是一个商业的软件,可以到 Keil 官网注册后下载一份能编译 2K 的 DEMO 版软件,基本可以满足一般的个人学习和小型应用的开发。

2）编写程序、编译并生成 HEX 文件

软件安装好后,就可以创建工程,进行程序编写和编译了。首先,运行 Keil 软件,几秒之后,出现如图 1.9 所示的界面。

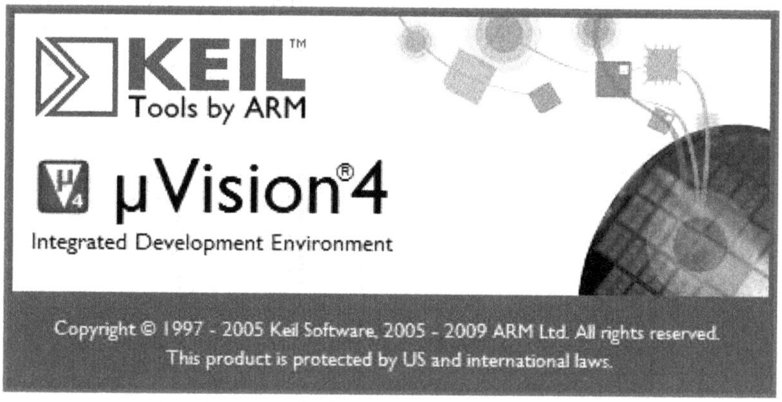

图 1.9　Keil 启动时的界面

接着,按下面介绍的步骤来建立第一个工程。

(1) 创建新工程:点击“Project”菜单,在弹出的下拉式菜单中选择“New μVision Project”,如图 1.10 所示。

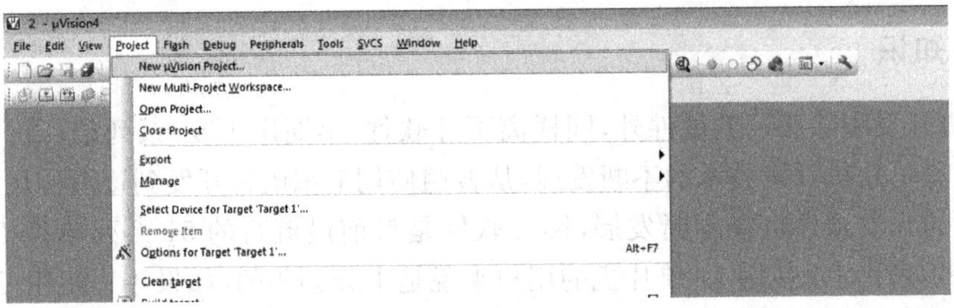

图 1.10 “Project”菜单

弹出了一个标准 Windows 文件对话窗口,如图 1.11 所示,在“文件名”文本框中输入 C 程序文件名称,这里用“test”,也可以换成其他名字,只要符合 Windows 文件规则的文件名都行。保存路径可以自己设置,保存后的文件扩展名为 . uv4,这是 Keil μVision4 工程文件扩展名,以后可以直接点击此文件以打开先前做的工程。

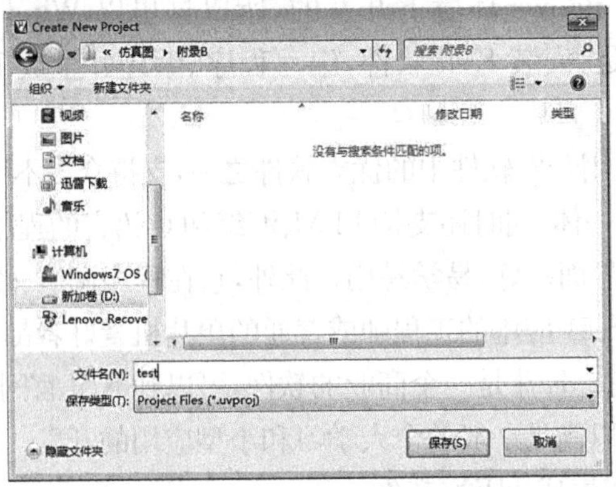

图 1.11 文件保存对话框

(2) 选择所要的单片机:工程文件保存好后,会出现单片机选择对话框,如图 1.12 所示。这里我们选择常用的 Atmel 公司的 AT89C51,如图 1.13 所示。

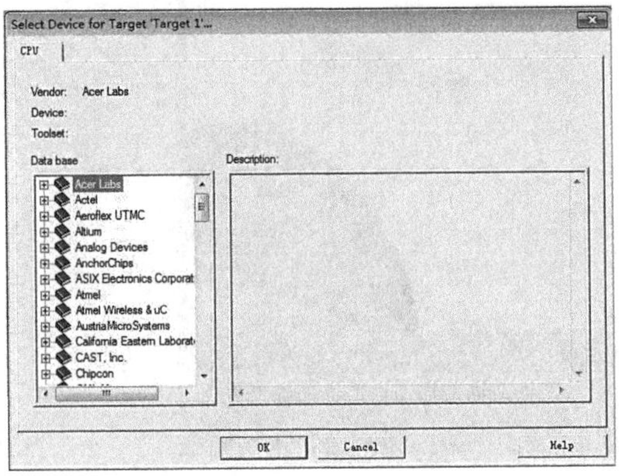

图 1.12 单片机选择对话框

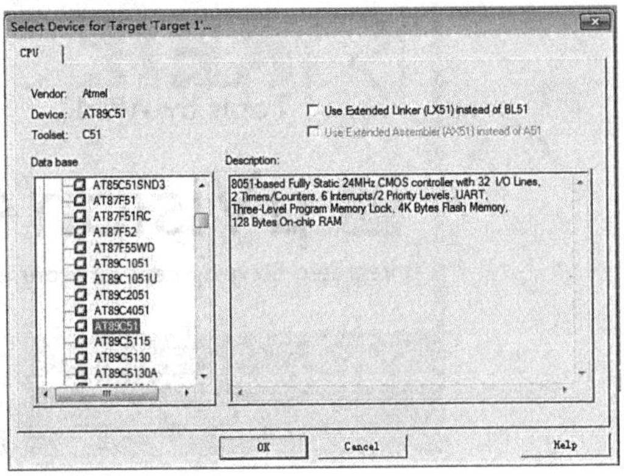

图 1.13 选择 AT89C51

(3) 程序编写：在图 1.13 所示对话框中单击“OK”按钮，进入图 1.14 所示的对话框，这里选择“否”按钮。然后进入图 1.15 所示的界面，依次点击“File”→“New”，创建一个新文件，保存为“test. c”，如图 1.16 所示，保存路径与“test”工程路径一致。单击“保存”按钮，进入程序编写界面，如图 1.17 所示，此时可以将程序代码输入并保存，如图 1.18 所示。这段程序的功能是向单片机 P1.0 端口输出低水平并延时，接下来看看如何把它加入工程中以及如何编译试运行。

图 1.14　选择对话框

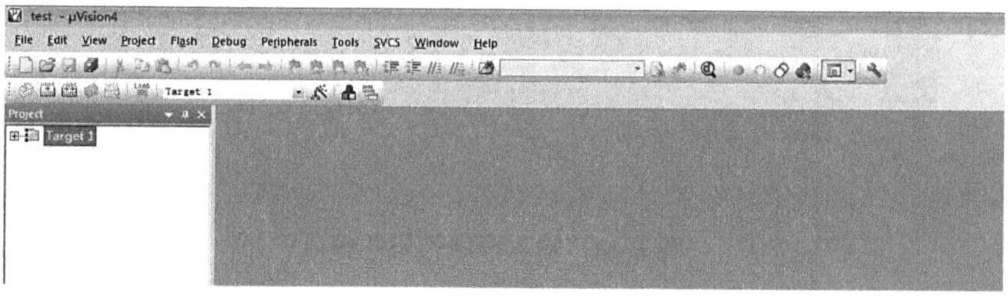

图 1.15　工程创建完成界面

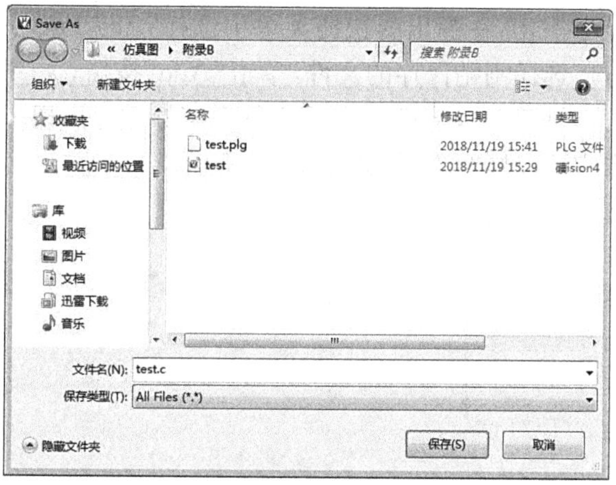

图 1.16　保存 . c 文件

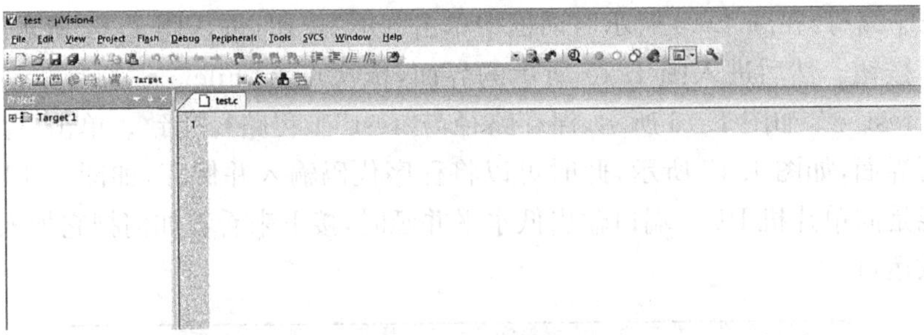

图 1.17　程序编写界面

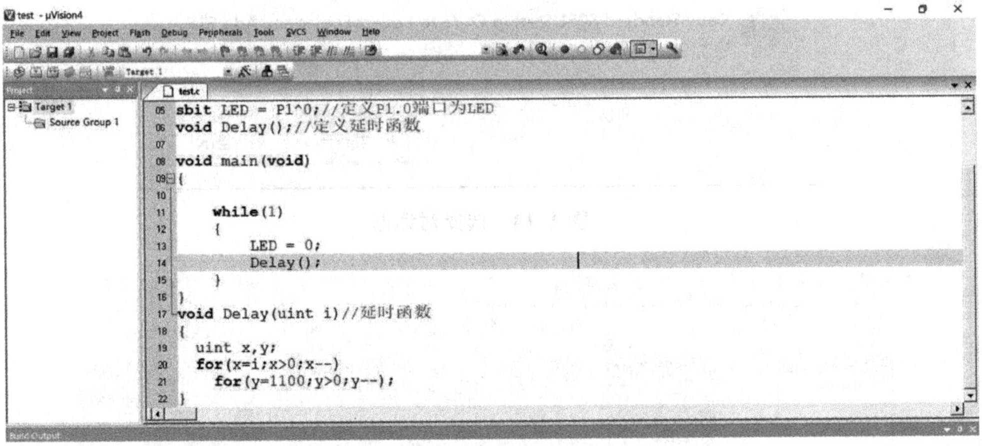

图 1.18　输入程序代码并保存

(4) 加载.c 文件:将图 1.18 中的程序代码保存后会发现程序代码有了不同的颜色,说明 Keil 的 C 语法检查生效了。如图 1.19 所示,将鼠标指针移至屏幕左边的"Source Group 1"文件夹图标上并右击,在弹出的快捷菜单中选择"Add Files to Group 'Source Group 1'",弹出文件选择窗口,选择刚刚保存的文件,单击"Add"按钮,关闭文件选择窗口,程序文件已加到工程中了。这时在"Source Group 1"文件夹图标左边出现了一个小"+"号,说明文件组中有了文件,点击它可以展开查看,如图 1.20 所示。

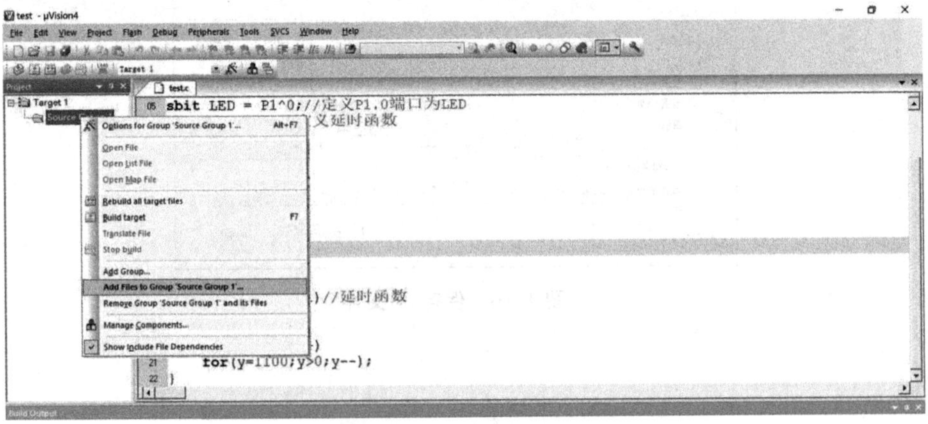

图 1.19　文件加载菜单

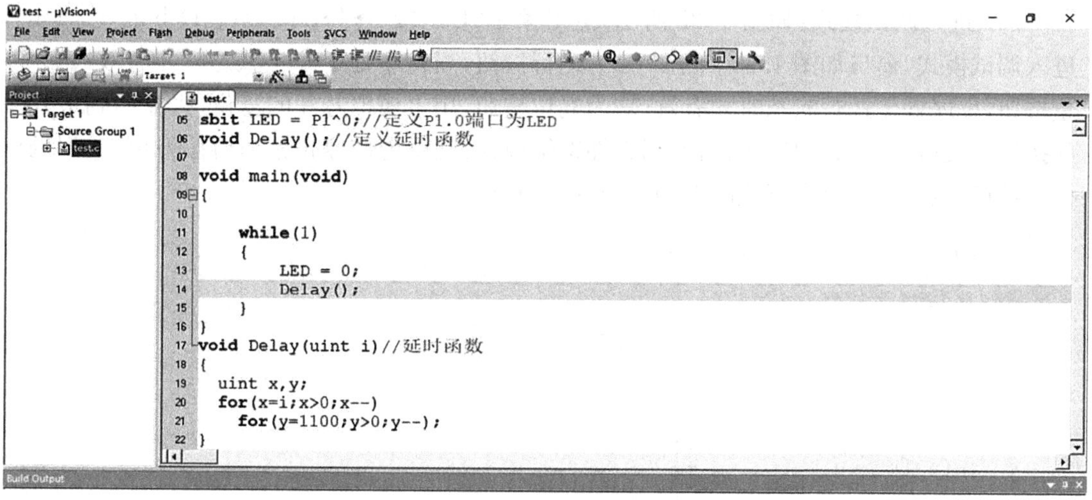

图 1.20　文件加载完成

（5）编译文件：如图 1.21 所示，、、都是编译按钮，用于编译单个文件；用于编译当前工程，如果先前编译过一次之后文件没有编辑改动，这时再点击该按钮是不会再次编译的；用于重新编译，每点击一次均会再次编译链接一次，不管程序是否有改动。是停止编译按钮，只有点击了前三个中的任一个，停止编译按钮才会生效。这个工程只有一个文件，按三个编译按钮中的任何一个都可以编译。编译之后，在窗口下方的编译输出窗格中可以看到编译错误和使用的系统资源情况等信息，用来查错。是开启/关闭调试模式的按钮。此功能也可以通过菜单“Debug”→“Start/Stop Debug Session”实现，对应快捷键为 Ctrl+F5。

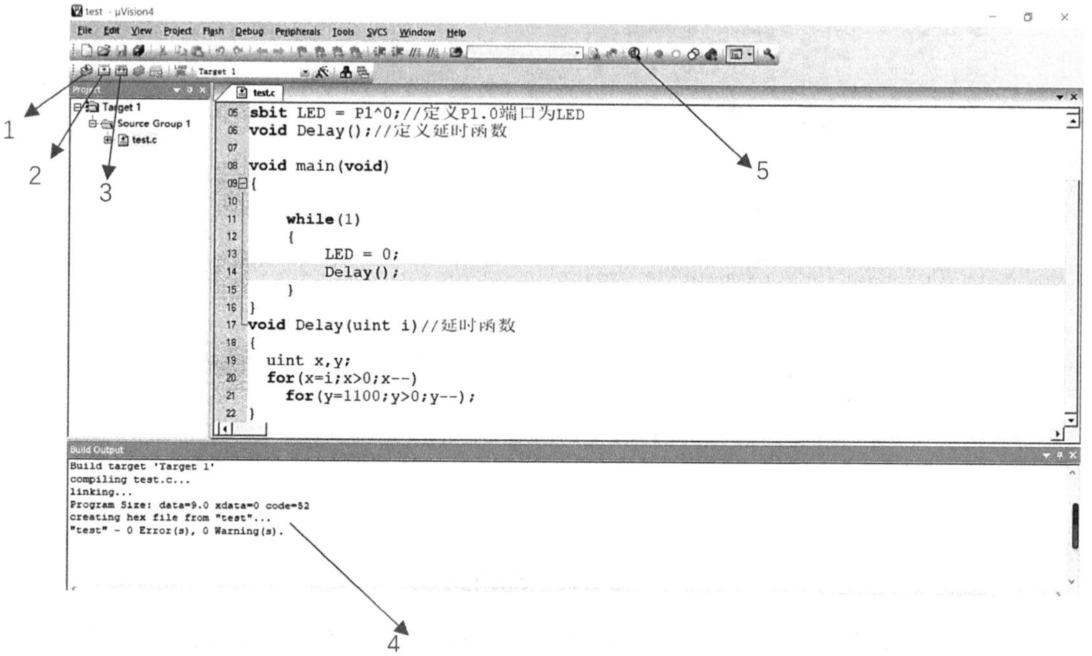

图 1.21　文件编译界面

(6) 进入调试模式：如图 1.22 所示，点击菜单“Debug”→“Start/Stop Debug Session”，进入调试模式，窗口如图 1.23 所示。▣为运行按钮，当程序处于停止状态时才有效；⊗为停止按钮，程序处于运行状态时才有效；▣为复位按钮，用于模拟芯片的复位，程序回到最开头处执行。最后，要停止程序运行，回到文件编辑模式，就要先按停止按钮再按开启/关闭调试模式按钮，然后就可以进行关闭 Keil 等相关操作了。

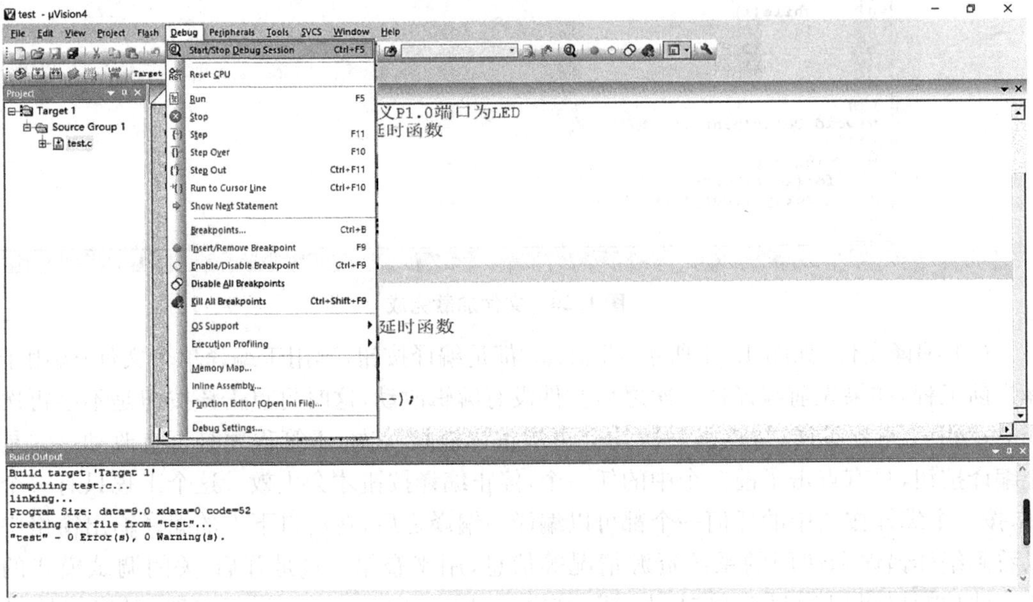

图 1.22 调试菜单

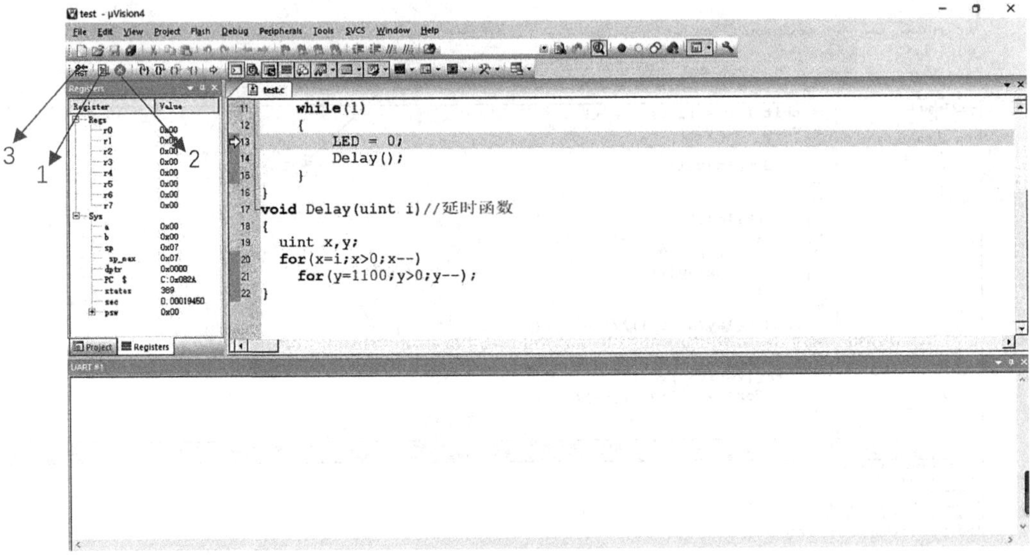

图 1.23 调试程序

(7) 生成 HEX 文件：HEX 文件格式是 Intel 公司提出的按地址排列的数据信息格式，数据宽度为 1 字节，所有数据使用十六进制数字表示，常用来保存单片机或其他处理器的目标程序代码。它保存物理程序存储区中的目标代码映像，一般的编程器都支持这种格式。

首先打开前面做的工程，打开它所在目录，找到“test. μV4”文件并打开，就可以打开先前的工程了。然后右击图 1. 24 中的“Target1”文件夹，弹出功能菜单，选择“Options for Target ‘Target1’”选项，弹出工程选项设置窗口。同样，先选中工程文件夹图标，这时在“Project”菜单中也有一样的菜单项可选。在工程选项设置窗口中点击“Output”选项卡，如图 1. 25 所示，点击“Select Folder for Objects”按钮，选择编译输出的路径；在“Name of Executable”文本框中设置编译输出生成的文件名；选中“Create HEX File”就可以输出 HEX 文件到指定的路径中。设置好之后重新编译一次，很快在编译输出窗格中就显示 HEX 文件创建到指定的路径中了，如图 1. 26 所示。这样就可用自己的编程器所附带的软件去读取并烧录到芯片了，再用实验板看结果。

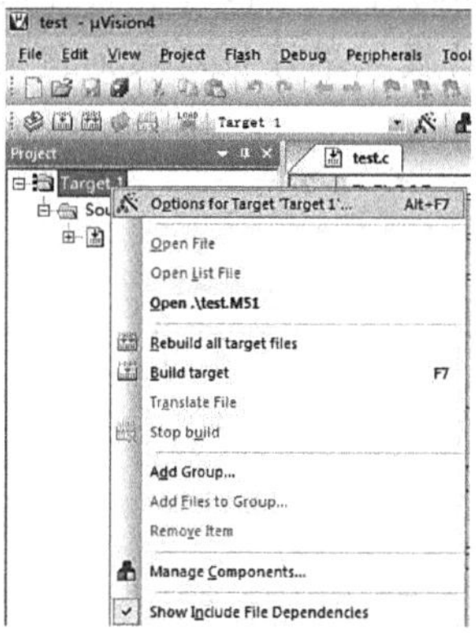

图 1. 24　工程功能菜单

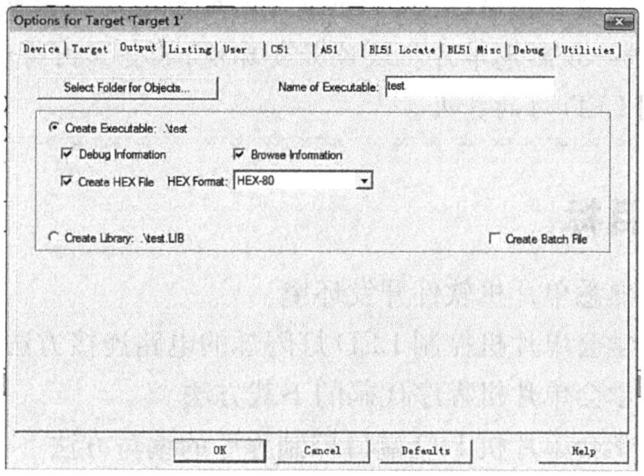

图 1. 25　工程选项设置窗口

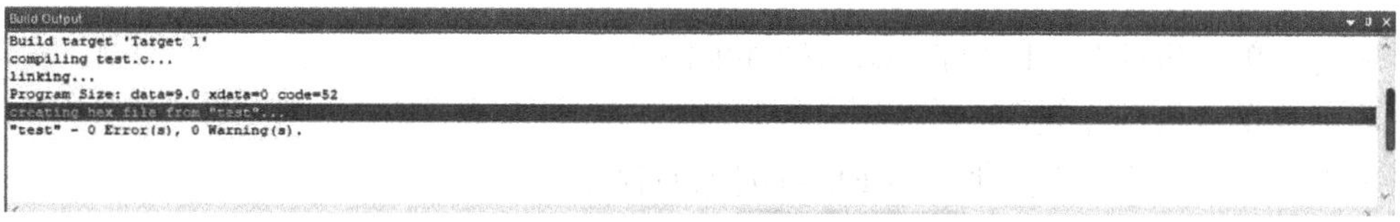

图 1. 26　编译输出窗格

项目 2　单片机基础应用

引言

本项目将通过控制 LED 灯闪烁的案例来说明单片机的作用。在动手制作的过程中，进一步熟悉单片机软件开发环境，学会如何将程序代码载入单片机以及如何用程序控制 LED 灯的亮灭。

项目目标

- 熟悉单片机软件开发环境
- 学会单片机控制 LED 灯闪烁的电路连接方法
- 学会单片机程序代码的下载方法
- 学会单片机 I/O 端口控制程序的编写方法

项目任务

- 连接单片机控制 LED 灯闪烁的硬件电路
- 下载单片机程序代码
- 编写单片机 I/O 端口控制 LED 灯闪烁的程序

项目相关知识

在单片机控制系统中，LED 灯通常用作工作状态指示灯，是最简单的输出设备。按键通常用来输入控制命令，是最简单的输入设备。LED 灯和按键可以跟单片机的任意通用输入/输出端口相连，电路结构简单，软件程序编写比较容易，特别适合单片机初学者掌握单片机的基本应用。

任务 2.1　一只 LED 灯的闪烁控制

任务目标

- 完成控制一只 LED 灯闪烁的电路连接
- 完成控制一只 LED 灯闪烁的程序设计

任务内容

➢ 连接控制一只 LED 灯闪烁的电路
➢ 设计控制一只 LED 灯闪烁的程序

任务相关知识

发光二极管简称为 LED，它是一种通电后会发出亮光的电子器件，是半导体二极管的一种，可以把电能转化成光能。发光二极管与普通二极管一样是由一个 PN 结组成，也具有单向导电性。当给发光二极管加上正向电压后，从 P 区注入 N 区的空穴和由 N 区注入 P 区的电子，在 PN 结附近数微米内分别与 N 区的电子和 P 区的空穴复合，产生自发辐射的荧光。不同的半导体材料中电子和空穴所处的能量状态不同。当电子和空穴复合时释放出的能量多少不同，释放出的能量越多，则发出的光的波长越短。常用的是发出红光、绿光或黄光的二极管。发光二极管的反向击穿电压大于 5 V。它的正向伏安特性曲线很陡，使用时必须串联限流电阻以控制通过二极管的电流。限流电阻 R 可用下式计算：

$$R=(E-UF)/IF \tag{2.1}$$

式中，E 为电源电压；UF 为 LED 的正向压降；IF 为 LED 的正常工作电流。

任务实施

本任务的执行效果是单片机控制一只 LED 灯闪烁，亮灭间隔时间为 1 s。

1　认识器件

本实训任务用到的实训器件包括：LED(1 只)、色环电阻(1 个)、面包板(1 块)、单片机最小系统板(1 块)、下载器(1 个)、杜邦线(若干)。

1) LED

如图 2.1 所示为 LED 实物图，它有一长一短两个引脚，长引脚为正极，短引脚为负极，电流只能单向流过，电流流过时，便会发光。普通的红色 LED 正向压降为 1.6 V，黄色的为 1.4 V 左右，蓝色和白色的至少为 2.5 V，工作电流为 5～20 mA。因此，一般会将 LED 与电阻相连，避免 LED 被烧坏。

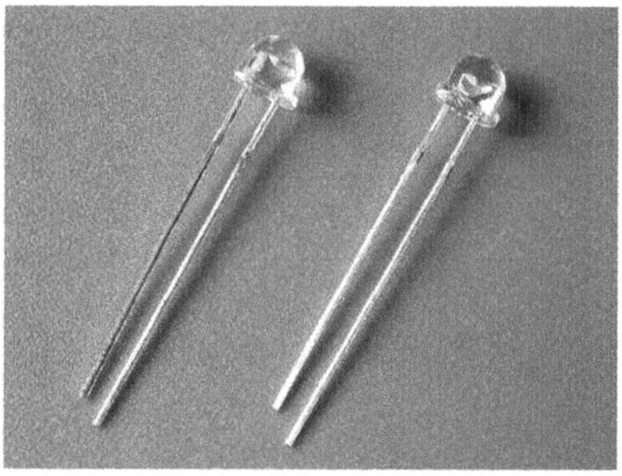

图 2.1　LED 实物图

2）色环电阻

色环电阻是在电阻的表面涂上一定颜色的色环，用来显示阻值。色环电阻一般用于在电路中分压限流，保护电路中的器件，避免器件因电流过大而被烧坏。尽管可以通过色环的颜色来判断电阻阻值的大小，但由于电阻实物较小，上面的颜色也常常看不清楚，因此，使用前应使用万用表来测量电阻值。万用表的使用可查阅附录 3“万用表的使用”。

3）面包板

面包板的实物如图 2.2 所示。面包板用于连接各种器件，其优势在于避免焊接且易于改变器件的连接。由于板子上面有很多小插孔，极像面包，因此得名。

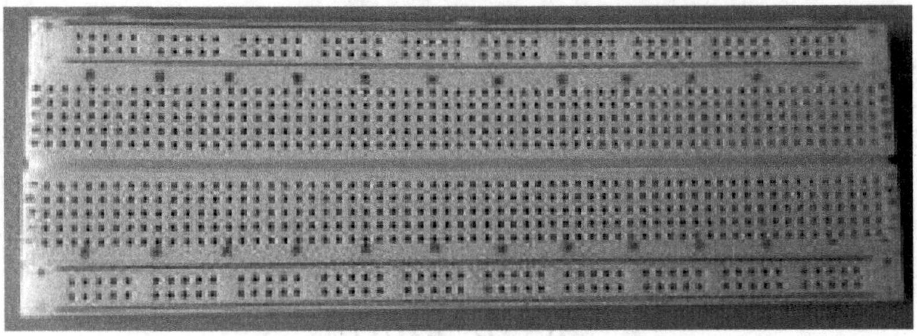

图 2.2　面包板实物图

如图 2.3 所示，面包板分为上、中、下三部分。上、下两部分是由两行插孔构成的窄条，中间部分是由中间的一条隔离凹槽和上下各 5 行的隔离插孔构成。

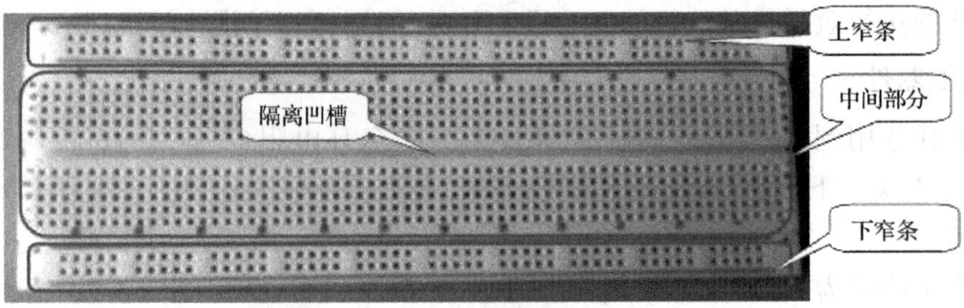

图 2.3　面包板结构

本任务需要使用中间部分的插孔，使用时应注意：

(1) 中间部分的每一列都相通。如图 2.4 所示，黑框的部分是相通的，但列与列之间不通，如图 2.5 所示，电阻和导线接在同一列时导通，不在同一列时则不导通。

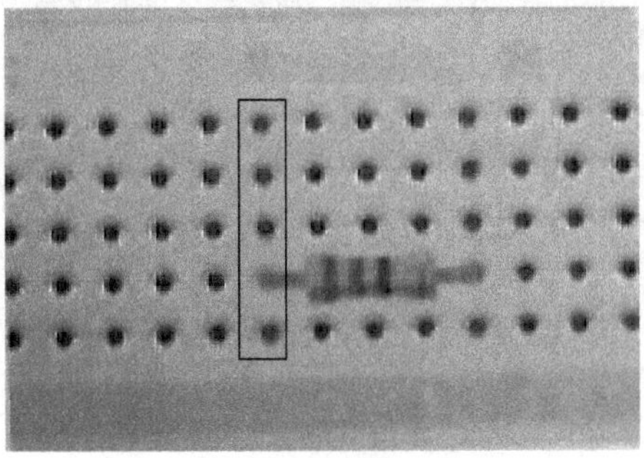

图 2.4　同列相通

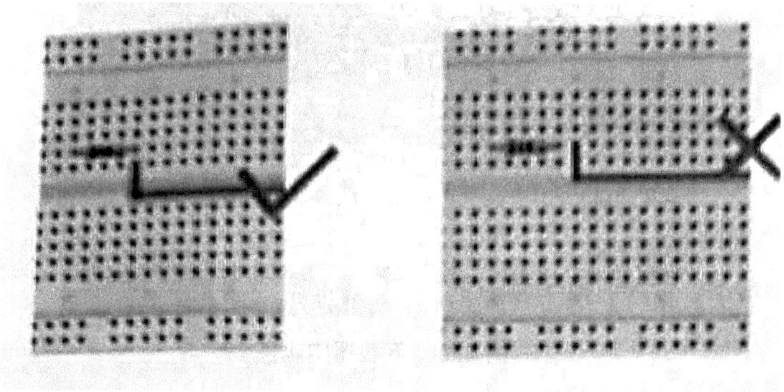

图 2.5　异列不通

(2) 中间部分的凹槽将面包板分为上、下两个区域，上、下区域之间不连通，因此器件与跳线不能跨过凹槽进行串联，如图 2.6 所示。

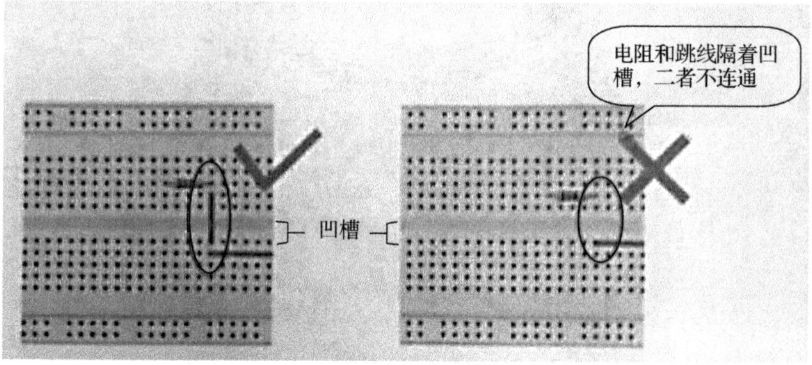

图 2.6　上下不通

4) 单片机最小系统板

单片机最小系统板的实物如图 2.7 所示，前面已经介绍过，板子上有许多不同用处的引脚，工作电压为 5 V。它利用引脚读取各种开关及传感器的信号来控制灯、电机等各种物理设备。

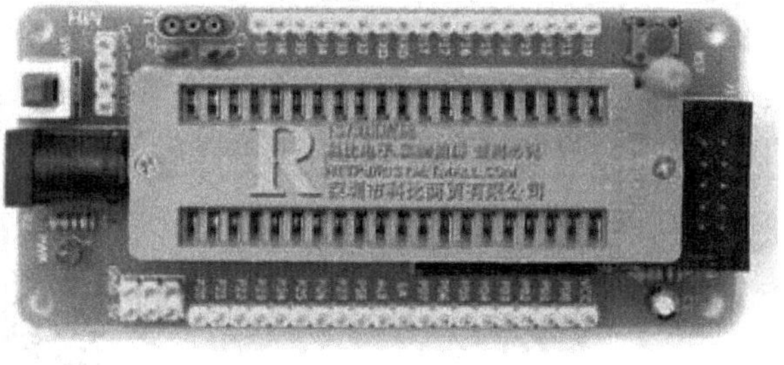

图 2.7　单片机最小系统板实物图

5) 下载器

如图 2.8 所示为下载器实物图，下载器用来连接计算机和 UNO 主板，可以为最小系统板供电，并且通过下载器可以将程序代码烧录到单片机中。下载器的具体使用方法将在后文详细介绍。

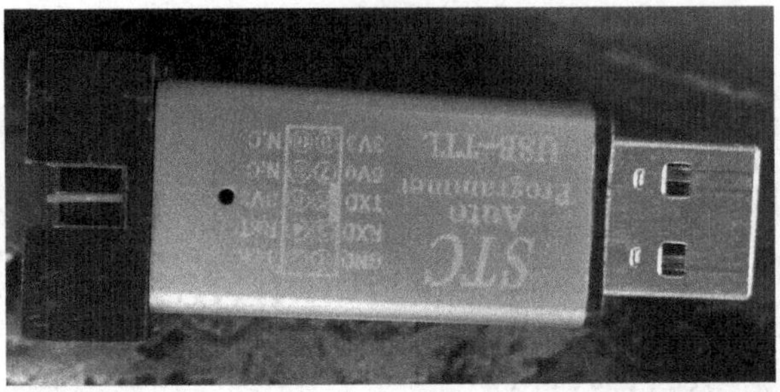

图 2.8　下载器实物图

6）杜邦线

如图 2.9 所示，杜邦线是两端有连接头的导线，用于连接电路，传递信号。连接电路时，习惯用红色线接正极，黑色线接负极，以便于区分。

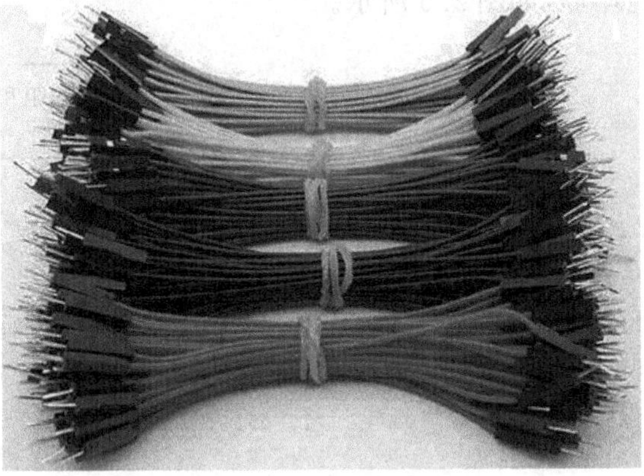

图 2.9　杜邦线实物图

2　连接电路

连接电路时，要注意看清 LED 的正负极，长端为正，短端为负，以免烧坏 LED。扫描下方二维码，查看电路连接。如图 2.10 所示，为了避免电流过大烧毁 LED，需要串联一个电阻（本任务中串联 1 kΩ 的电阻）。将 LED 与电阻串联后，利用跳线将与电阻串联的 LED 的正极与单片机最小系统板的 5 V 引脚相连，LED 的负极与单片机最小系统板的 P00 引脚相连。此电路中的 LED 负极不是只能接 P00 引脚，也可以接其他输入/输出脚。

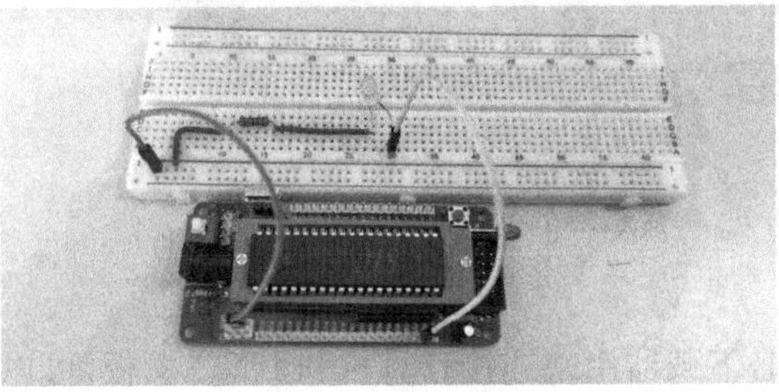

图 2.10　电路接线图

电路连接

电路工作时，先通过 P00 引脚给 LED 一个低电平，使 LED 两端产生电压差，点亮 LED；1 s 后，再通过 P00 引脚给 LED 一个高电平，这时 LED 两端不存在电压差，LED 熄灭。重复这一过程，LED 便呈现闪烁的效果。

3　编写代码

打开 Keil 软件，新建工程并命名为"1_LED"，在工程中添加"1_LED. c"文件，如图 2. 11 所示。根据硬件电路工作原理，设计程序流程图，如图 2. 12 所示。

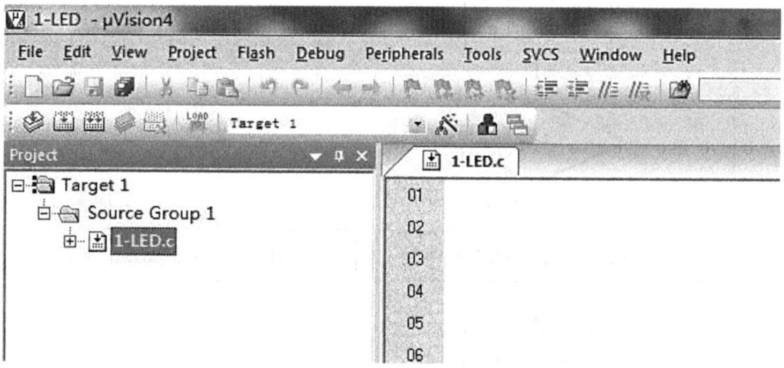

图 2. 11　新建工程并添加. c 文件

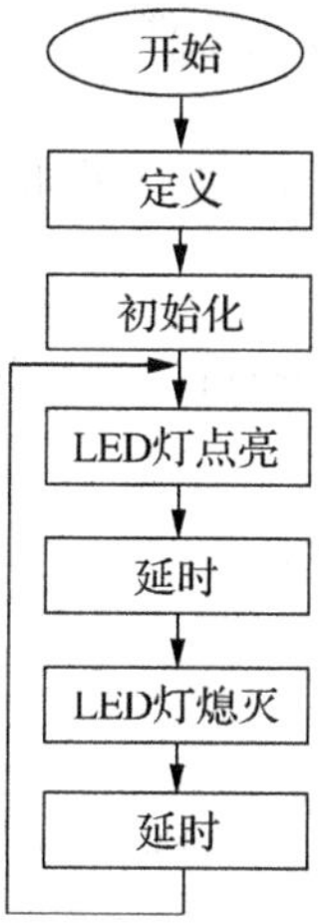

图 2. 12　程序流程图

具体程序编写如下：

```
#include <reg51.h>
#define uchar unsigned char
#define uint unsigned int
sbit LED =P0^0;//定义端口
void Delay(uint i);//定义延时函数
void Led_Display();//定义闪烁函数
void main()//主函数
{
  while(1)
  {
    Led_Display();//调用 LED 显示函数
  }
}
void Led_Display()
{
  uchar i;
  for(i=0;i<2;i++)
  {
    LED =0;//P0.0 端口输出低电平,LED 灯点亮
    Delay(1000);//延时 1s
    LED =1;//P0.0 端口输出高电平,LED 灯熄灭
    Delay(1000);//延时 1s
  }
```

```
}
void Delay(uint i)//延时函数
{
  uint x,y;
  for(x =0;x<i;x ++)
    for(y =0;y<250;y ++);
}
```

背景知识

for 循环的形式如下：

```
for(i=a;i<b;i++)
    {
      循环体语句块
    }
    注：a<b
```

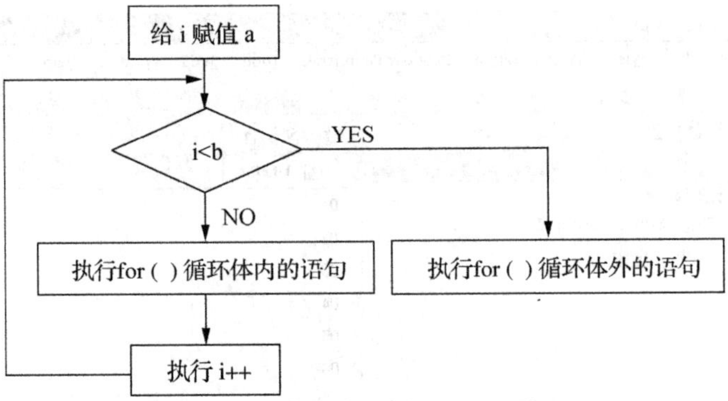

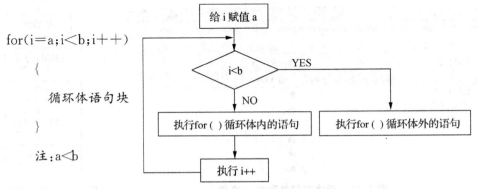

图 2.13　for( )循环执行示意图

下面根据 for 循环的执行顺序来解释 for 循环。如图 2.13 所示，for 循环在执行时，先执行 for 后小括号中的“i=a”和“i<b”两个部分，即给 i 赋一个初值 a，然后判断 i 的值与循环结束量 b 的关系，如果 i<b，就执行循环语句块；如果 i>=b，将不执行循环语句块，直接跳出 for 循环。

只要 i 的值满足 for 后小括号内的“i<b”这一条件，程序就执行循环语句块，循环语句块执行完毕后，返回 for 后的小括号内，执行“i++”，使 i 的值加 1。然后，再次判断 i 与 b 的关系，如果满足 i<b，就执行循环语句块中的内容，执行完毕则返回 for 后的小括号内……如此往复执行，直至 i>=b，不再满足循环执行的条件，代码跳出 for 循环。

程序首先执行定义部分，然后进入主函数，在主函数的主循环里，通过调用 Led_Display() 函数，执行对 LED 灯的亮灭控制。

定义部分首先是引脚命名，即给引脚一个合适的名称。名称应使用英文字母，并且遵循“望名知义”的原则。这里用英文单词“LED”代替 P00 引脚。

除了定义引脚，本程序还有两个自定义函数，分别是延时函数 void Delay(uint i)和 LED 灯控制函数 Led_Display()。延时函数的作用是使上一步的状态持续一定的时间。延时函数延时的单位是 ms，Delay(1000)表示延时 1 s，即 LED 的点亮状态持续 1 s。利用赋值语句“LED=1;”和“LED=0;”，可以直接让 P00 引脚输出高电平或者低电平，从而控制 LED 灯的状态。

背景知识

自定义函数是为了让代码可重复使用而采用的一种编程方法。一般把数值不同但过程完全相同的代码封装为一个函数。自定义函数的名称根据功能由编程人员自行确定，大都应“望名知义”。例如，自定义函数 Delay(uint i)，其函数名的意思是“延时”，它的作用就是让上一个状态保持一段时间。一般在定义部分进行自定义函数名的定义，在 main()函数后面的任何位置进行自定义函数体的书写，这样代码整体上会显得整洁，有利于后期的调试与修改。在调用时直接将自定义函数名连同小括号一起放入主函数的恰当位置，在其后加上符号“;”，构成一个语句。

将程序代码输入.c 文件中并保存，编译无误后生成.hex 文件，如图 2.14 所示。扫描下方二维码，查看完整代码。

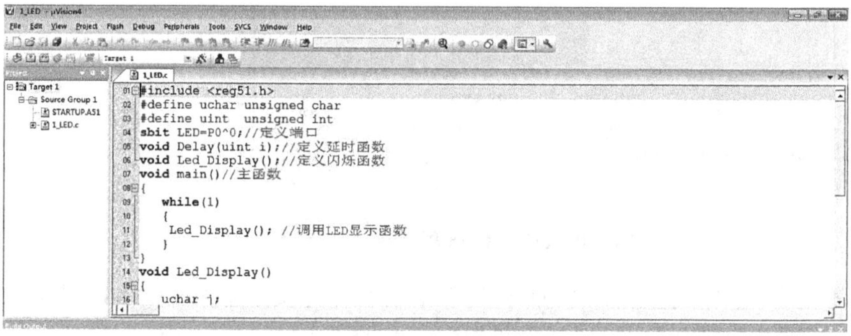

图 2.14 程序编译无误

本节代码

4 下载程序并测试

将单片机最小系统板和计算机通过下载器相连，如图 2.15 所示。

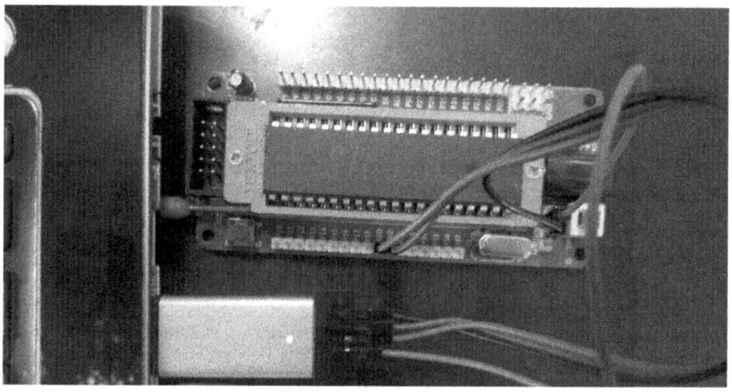

图 2.15 自动下载器连接单片机最小系统板和 PC

提 示

本任务所用下载器为 STC 自动下载器，需要安装 USB 转串口 CH430 驱动。另外，需安装程序烧录软件 PZ-ISP V1.48。

双击程序烧录软件 PZ-ISP V1.48，打开如图 2.16 所示的界面。

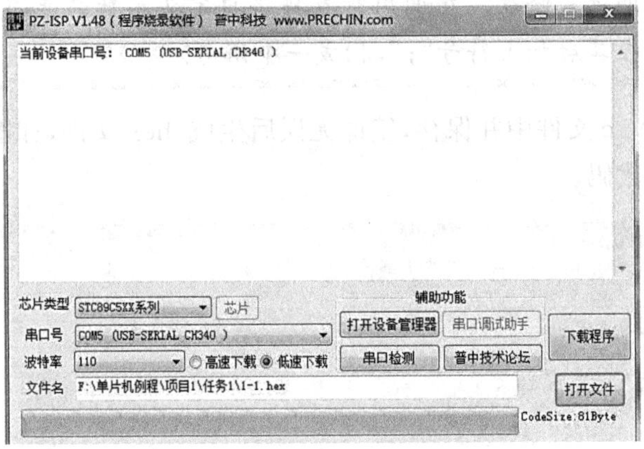

图 2.16 PZ-ISP V1.48 界面

在图 2.16 所示界面中，芯片类型选择“STC89C5XX 系列”；连接下载器后，串口号可以自动识别；波特率选择“低速下载”；点击“打开文件”按钮，选择生成的.hex 文件。设置完成后，点击“下载程序”按钮，完成程序下载，如图 2.17 所示。

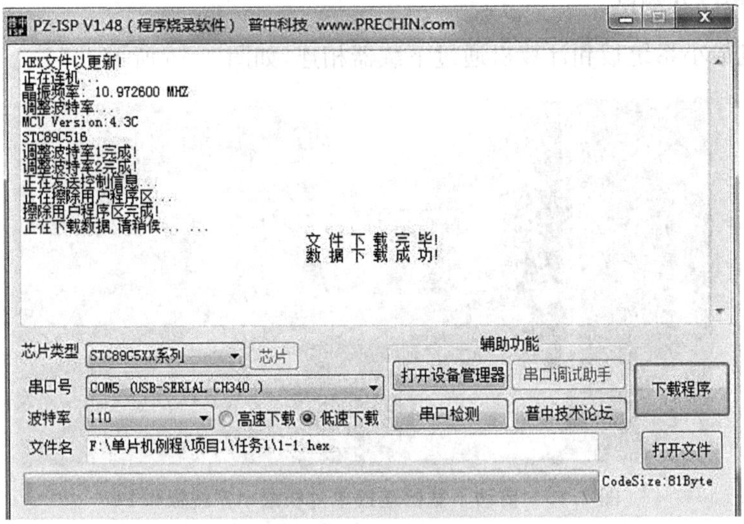

图 2.17 程序下载完成

观察与单片机引脚相连的 LED 是否闪烁。若闪烁，则表明单片机的硬件和软件均工作正常，如图 2.18 所示。请扫描下方二维码，查看实验效果。

图 2.18　闪烁的 LED

实验效果

5　任务扩展

在上述任务中，可以用其他颜色的 LED 灯做出警示灯闪烁的效果吗？可以用其他端口控制 LED 灯吗？请思考并实验。

任务 2.2　LED 流水灯的显示控制

任务目标

➢ 完成控制 LED 流水灯显示的电路连接
➢ 完成控制 LED 流水灯显示的程序设计

任务内容

➢ 连接控制 LED 流水灯显示的电路
➢ 设计控制 LED 流水灯显示的程序

任务相关知识

在任务 2.1 中学习了用单片机控制一只 LED 灯闪烁，如果将 LED 灯的数量增加，比如增加到 8 只，就可以进行 LED 灯的花样显示，如让 8 只 LED 灯按一定顺序依次点亮、8 只 LED 灯同时亮灭等，具体显示效果可以根据要求自行修改。

任务实施

本任务的执行效果是 8 只 LED 灯从左到右依次点亮 1 s 后熄灭，循环进行。

1 认识器件

本实训任务用到的实训器件包括：LED(8 只)、色环电阻(8 个)、面包板(1 块)、单片机最小系统板(1 块)、下载器(1 个)、杜邦线(若干)。

本任务中的元器件跟任务 2.1 中使用的元器件类型一样，只是 LED 灯和色环电阻数量都变为 8。另外，本任务中，面包板主要使用上窄条和下窄条，如图 2.19 所示，具体介绍如下。

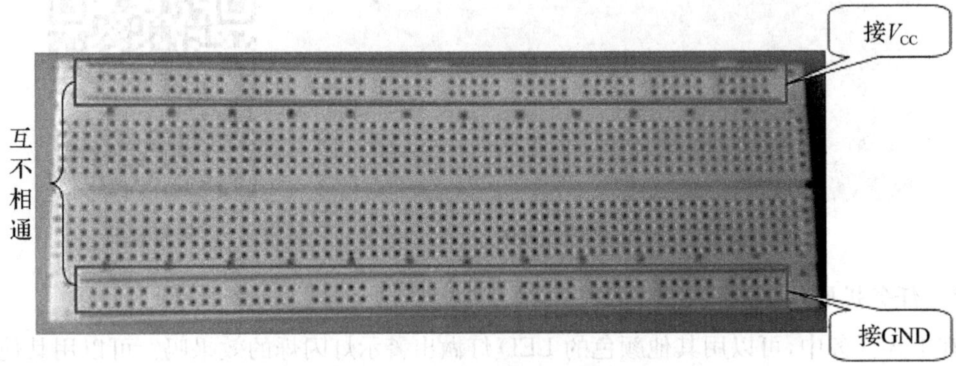

图 2.19 面包板示意图

面包板的上、下窄条主要用于连接供电部分，解决 GND 和 5 V 引脚数量不够的问题。由于本任务中有 8 只 LED，需要通过电阻连接 8 个 V_{CC} 引脚，因此要用到面包板的窄条部分。使用时，通常一条排孔接单片机最小系统板的 5 V 引脚，另一条排孔接 GND 引脚，如图 2.20 所示，同在一排的插孔相通，上下两排的插孔互不相通。

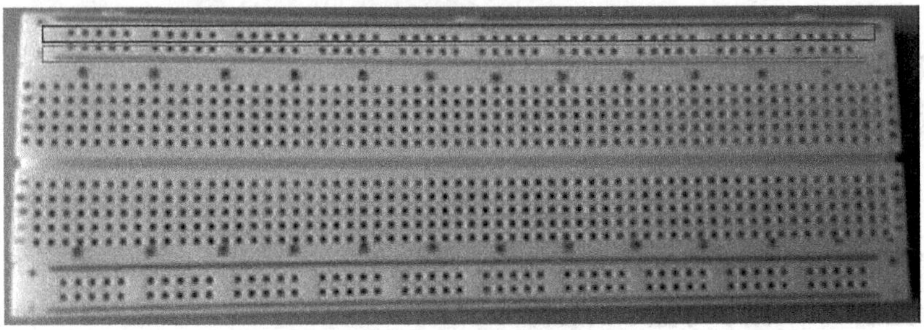

图 2.20 面包板同排相通

提 示

有些面包板的上、下窄条中，同在一排的插孔中间是不相通的，如图 2.21 所示。

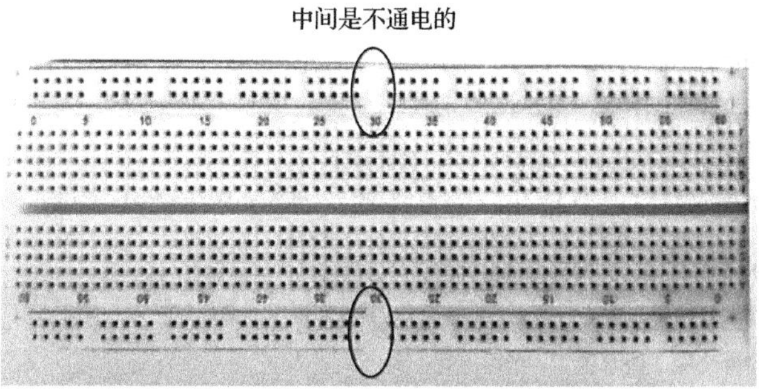

图 2.21　面包板排孔中间不相通

2　连接电路

如图 2.22 所示，将 8 只 LED 的负极与单片机最小系统板的 P00～P07 引脚相连，左边第一只 LED 与 P00 引脚相连。电路利用这些引脚将单片机的信号传递至 LED，控制 8 只 LED 的亮灭。8 只 LED 的正极分别与 8 个电阻相连，8 个电阻的另一端接入面包板的上窄条部分，再用一根导线将它们与单片机最小系统板的 V_{CC} 相连。扫描下方二维码，查看电路连接。

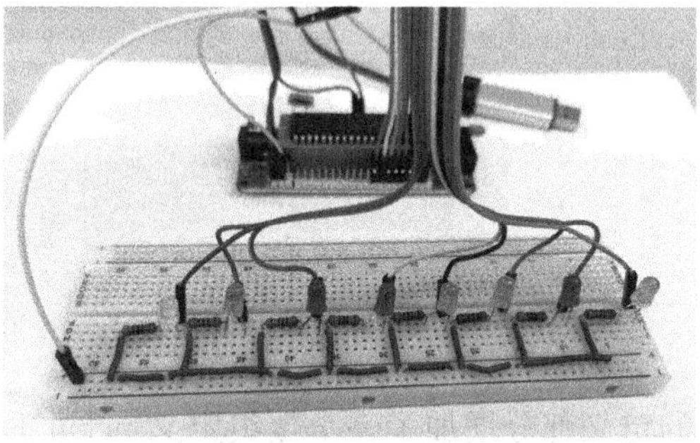

图 2.22　8 只 LED 的电路接线图

电路连接

3　编写代码

根据硬件电路工作原理，设计程序流程图如图 2.23 所示。

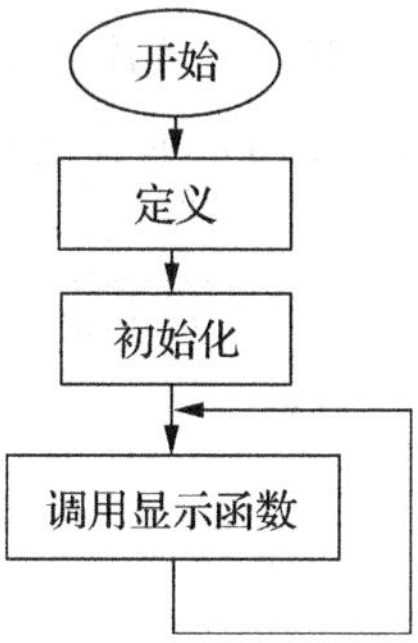

图 2.23　程序流程图

具体程序编写如下：

```
#include <reg51.h>
#define uchar unsigned char
#define uint unsigned int
//定义 LED 显示数据
uchar Led_Data[]={0xff,0x7f,0xbf,0xdf,0xef,0xf7,0xfb,0xfd,0xfe};
void Delay(uint i);//定义延时函数
void Led_Display();//定义闪烁函数
void main()//主函数
{
  while(1)
  {
    Led_Display();//调用 LED 显示函数
  }
}
void Led_Display()
{
  uchar i;
  for(i=0;i<9;i++)//8 只 LED 循环点亮
  {
    P0=Led_Data[i];//取数组中数据由 P0 口输出以控制 LED 显示效果
    Delay(1000);//延时 1s
  }
}
void Delay(uint i)//延时函数
{
  uint x,y;
  for(x=0;x<i;x++)
    for(y=0;y<250;y++);
}
```

与任务 2.1 中的程序相比,程序的定义部分增加了一个数组定义 uchar Led_Data[],该数组里存放了 P0 口的状态值,对应 8 只 LED 灯的状态。比如当左边第一只灯被点亮时,对应端口 P00 为低电平,其余端口为高电平,这样 P0 口的取值为 11111110B,转换为 16 进制即 0xfe,依此类推,可以得出 8 只灯依次被点亮时 P0 的取值。将 8 个状态值存入数组,LED 显示函数 Led_Display()从数组取 LED 的状态值,每次状态保持 1 s,循环 8 次。在主函数中调用 Led_Display()函数,实现 8 只 LED 灯依次点亮的显示效果。

打开 Keil 软件,新建工程并命名为“8_LED”,在工程中添加“8_LED.c”文件,如图 2.24 所示。

图 2.24 新建工程并添加.c 文件

背景知识

数组是相同数据类型的元素按照一定顺序排列的集合。当有一批数据要存放到内存中时就需要用到数组。数组可分为一维数组(数轴上的数据)、二维数组(平面上的数据)和多维数组(空间中的数据)。

一维数组的定义方式为：

类型 数组名[常量]；

例如："int a [5]；"，它表示定义了一个 int 型的数组 a[5]，存储的 5 个数据分别为 a[0]、a[1]、a[2]、a[3]和a[4]。数组元素的下标从 0 开始计，下标表示了元素在数组中的顺序，当我们要使用数组中的某个元素时，只需知道它的下标，就可以引用这个元素。数组在计算机中是顺序排列存储的，可以用图 2.25 表示。

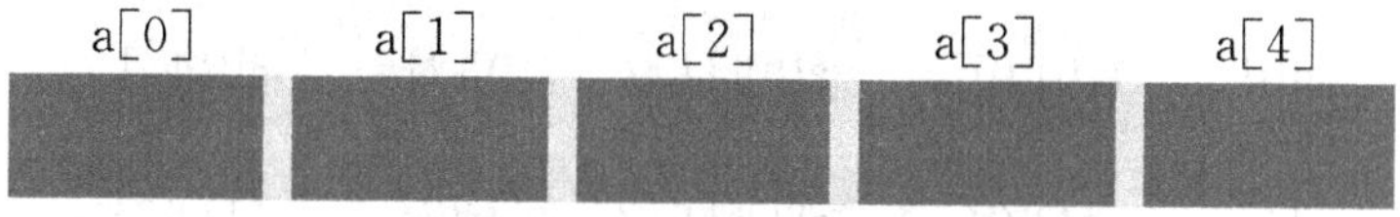

图 2.25　一维数组存储示意图

一个一维数组定义完成后，便可以向其中存储数据。如果向 a 数组的第二个元素存储数字 6，可以使用语句"a[1]=6；"。

另一种进行数据存储的方式是在定义数组的时候就将此数据存储到数组中。例如：

int a[5]={0,1,2,3,4}；

这样将数字 0,1,2,3,4 依次存放在数组元素 a[0]～a[4]中。这种赋值方式需要注意的是，不能跳过前面的元素为后面的元素赋值，但为数组赋值时，数组的下标可以省略，因为计算机已经根据赋值的个数为数组开辟了存储空间。例如：

int a[]={0,1,2,3,4}；

二维数组的定义方式为：

类型 数组名[常量表达式 1][常量表达式 2]；

二维数组是用来存储类型相同的数据的集合。例如：

int a[3][4]；

这里定义了一个存储 int 型数据的二维数组 a，我们称之为 3 行 4 列的数组，可用图 2.26 表示：

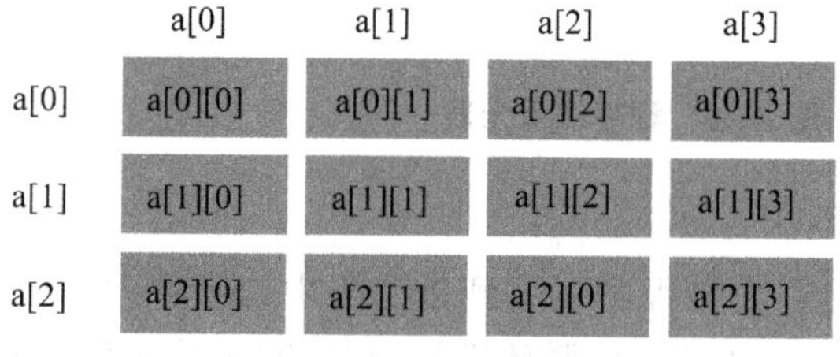

图 2.26　二维数组存储示意图

数组中的每一个元素都相当于一个变量，对于数组中的元素，我们在引用时只要标明数组元素的下标即可。例如，若要在二维数组 a 的第二个元素中存储数字 2(这里数组元素按照行的方式存储在计算机中)，执行语句“a[0][1]=2;”可将数字 2 存储在数组 a 的第二个元素中。

当然，与一维数组类似，二维数组也可以在定义时为其赋值。例如：

int a[3][4]={{0,1,2,3},{4,5,6,7},{8,9,10,11}};

这样就定义了一个 3 行 4 列的数组 a，它存储了 0～11 共 12 个数字。定义数组时，大括号中还嵌套着 3 个大括号，第一个大括号中的数字对应二维数组的第一行，第二个大括号中的数字对应二维数组的第二行，第三个大括号中的数字对应二维数组的第三行，具体存储方式如图 2.27 所示。

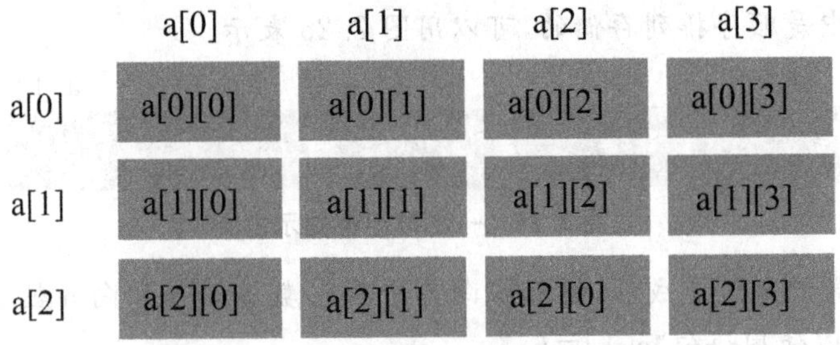

图 2.27　int a[3][4]的存储示意图

将程序代码输入.c 文件中并保存，编译无误后生成.hex 文件，如图 2.28 所示。扫描下方二维码，查看完整代码。

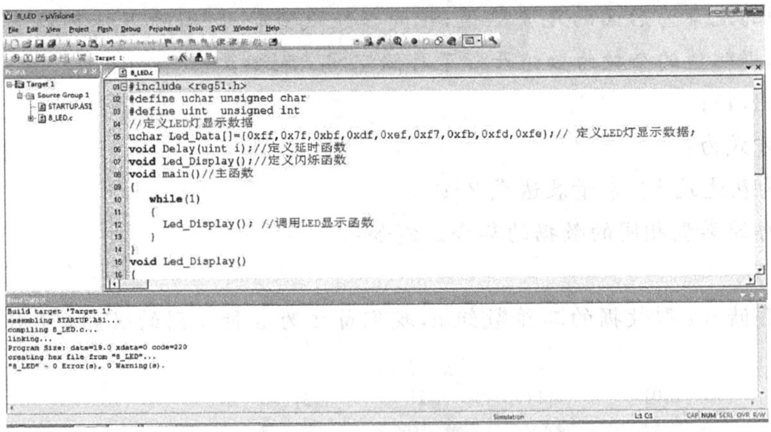

图 2.28　程序编译无误

本节代码

4　下载程序并测试

参照任务 2.1 中的方法将程序下载到单片机中，观察 8 只 LED 的显示效果。若 8 只 LED 从左到右依次点亮 1 s 后熄灭，循环进行，则表明单片机的硬件和软件均工作正常，如图 2.29 所示。请扫描下页二维码，查看实验效果。

图 2.29　循环点亮的 LED

实验效果

5　任务扩展

(1) 显示效果改为 8 只 LED 灯从右到左依次点亮 1 s 后熄灭，循环进行。

(2) 显示效果改为 8 只 LED 灯从右到左依次亮灭闪烁一次，循环进行。

(3) 显示效果改为 8 只 LED 灯从左到右依次亮灭闪烁一次，循环进行。

(4) 显示效果改为 8 只 LED 灯从右到左依次点亮，循环进行。

(5) 根据需要，设计其他不同电路和显示效果。

任务 2.3　按键控制 8 只 LED 灯的显示

任务目标

- 完成按键控制 8 只 LED 灯的电路连接
- 完成按键控制 8 只 LED 灯的程序设计

任务内容

- 连接以按键控制 8 只 LED 灯的电路
- 设计以按键控制 8 只 LED 灯的程序

任务相关知识

键盘从结构上分为独立式按键与键盘。一般按键较少时采用独立式按键，按键较多时采用键盘。本任务主要使用独立式按键。如图 2.30 所示为常用独立式按键的实物图，该按键又称轻触开关，无自锁功能，不按压时按键自动复位。独立式按键的电路连接如图 2.31 所示，当按键没按下时，单片机对应的 I/O 端口由于内部有上拉电阻，其输入为高电平；当某键被按下后，单片机对应的 I/O 端口变为低电平。只要在程序中判断 I/O 端口的状态，即可知道哪个键处于闭合状态。

图 2.30 独立式按键实物图

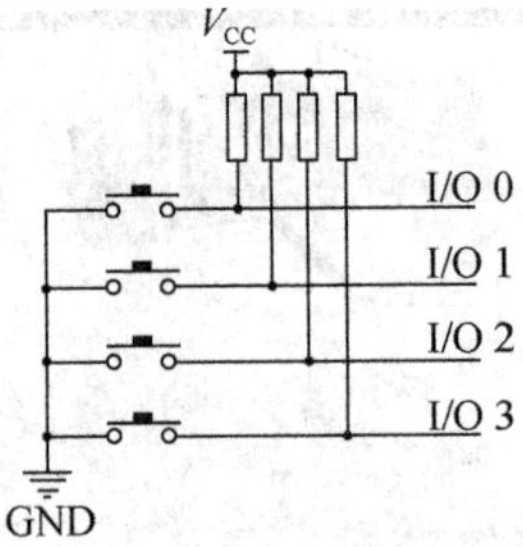

图 2.31 独立式按键电路连接图

任务实施

本任务的执行效果是由一个按键控制 8 只 LED 灯的亮灭，循环进行。

1 认识器件

本实训任务用到的实训器件包括：LED(8 只)、色环电阻(8 个)、按键开关(1 个)、面包板(1 块)、单片机最小系统板(1 块)、下载器(1 个)、杜邦线(若干)。

与前面两个任务相比，该任务的硬件增加了一个按键开关。图 2.32 所示为本任务中使用的按键及其引脚示意图。该按键其实是一种微动开关，主要用于控制电路的接通与断开，按键按下电路接通，按键弹起电路断开。按键的 1 和 4 两个引脚相通，2 和 3 两个引脚相通。按键按下时，4 个引脚相互导通。实际使用的按键开关不会标示引脚编号，从对角的两个点引线即可。

图 2.32 按键及其引脚示意图

2 连接电路

如图 2.33 所示，使用对角线的方式将按键接入电路中，按键的一端接 GND 引脚，另一端接 P10 引脚。当按键按下时，P10 为低电平；当按键弹起时，P10 为高电平。因此，在进行程序设计时，主要是通过判断 P10 端口的电平来进行相应控制。8 只 LED 灯的电路连接与任务 2.2 中一样。扫描下方二维码，查看电路连接。

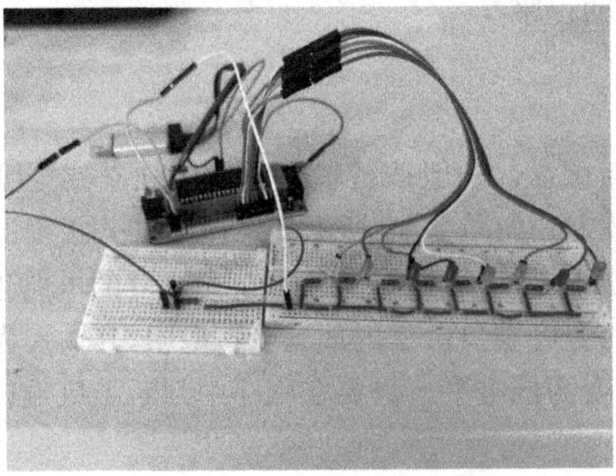

图 2.33 按键电路接线图

电路连接

3 编写代码

根据硬件电路工作原理,设计程序流程图如图 2.34 所示。

程序的设计思路是:先将 LED 灯的显示状态值存入数组,定义一个变量 k0_flag,初值设为 0,主程序循环执行显示函数和按键扫描函数。按键函数的主要工作是每按一次按键,变量 k0_flag 的值加 1,按完 8 次后变量重新赋值为 0;显示函数的主要工作是按照按键变量从显示数组中取出相应数据赋值给 P0 口,以控制 8 只 LED 灯的显示状态。程序编写如下:

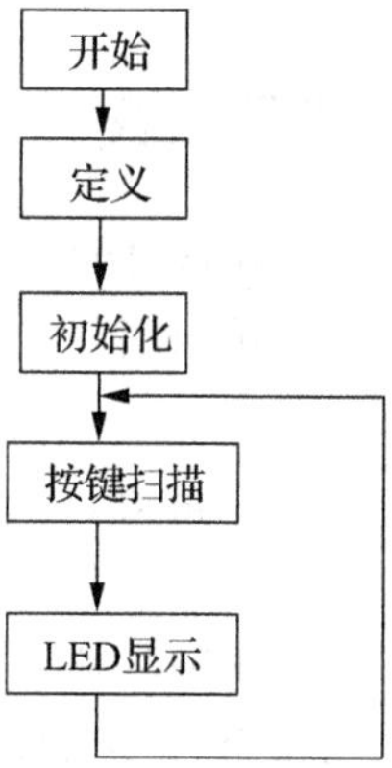

图 2.34 程序流程图

```
#include<reg51.h>
#define uchar unsigned char
#define uint  unsigned int
sbit k0=P1^0;//定义按键端口
uchar k0_flag=0;//定义按键标志量
uchar Led_Data[]={0xff,0xfe,0xfd,0xfb,0xf7,0xef,0xdf,0xbf,0x7f};//定义显示数组
void Key_scan();//定义按键扫描函数
void Led_Display();//定义 LED 显示函数

void main()
{
  P0=0xff;//所有 LED 都熄灭
  while(1)
  {
    Led_Display();//调用显示函数
    Key_scan();//调用按键扫描函数
  }
}

void Led_Display()
{
  P0=Led_Data[k0_flag];//向 P0 口送显示数据
}
void Key_scan()
{
  if(k0==0)//k0 按下?
  {
    while(!k0);//k0 弹起?
      k0_flag++;//按键标志加 1
    if(k0_flag==9)
      k0_flag=1;//如果 k0_flag 等于 9,则 k0_flag 等于 1
  }
}
```

背景知识

if 语句的形式如下：

```
if(条件)
{
  语句;
}
```

if 语句是分支语句。程序执行时，若满足 if 语句小括号内的条件，将执行大括号中的语句；反之，则不执行。若 if 语句的大括号内只有一条语句，那么大括号可以省略不写，但不建议省略大括号。

if()语句可以嵌套使用，例如：

```
if()
{
  if()
  {
    语句;
  }
}
```

嵌套的 if 语句自上而下依次执行。

while 语句的形式如下：

```
while(条件)
{
  语句;
}
```

while 是循环语句，它表示只要满足 while 语句小括号内的条件，就不断执行大括号内的语句，直至不再满足小括号内的条件。若大括号中的语句只有一条，那么大括号可以省略不写；若大括号中没有语句，也就是说若满足条件，什么都不执行，此时省略大括号，但保留“;”，代表执行一条空语句。

与前面的任务相比，本任务中程序的定义部分增加了按键引脚的定义“sbit k0＝P1^0;”，用 k0 表示 P10 引脚。还定义了一个变量 uchar k0_flag＝0，用来记录按键次数。代码中按键状态的判断使用了自定义函数 void Key_scan()，在该函数中使用 if 语句和 while 语句进行按键状态的判断。if 语句判断按键是否按下，while 语句判断按键是否弹起。由于按下按键是一个机械动作，会产生抖动，如图 2.35 所示，因此按键按下时电平不能瞬间从高电平转化为低电平，而是要经过锯齿形变化直至变成低电平。这个过程大概会持续 0.02 s，因此用 while 语句判断可以去除由于机械操作而产生的电平不稳定现象。使用 while 语句后，LED 的状态在按键弹起后发生变化。

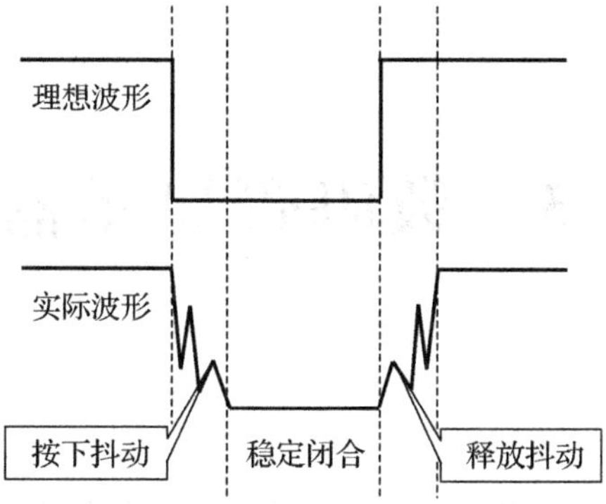

图 2.35　按键抖动示意图

打开 Keil 软件，新建工程并命名为“Key_8LED”，将程序代码输入“Key_8LED. c”文件中并保存，编译无误后生成. hex 文件，如图 2.36 所示。扫描下方二维码，查看完整代码。

图 2.36　程序编译无误

本节代码

4　下载程序与测试

将程序下载到单片机中，第 1 次按下按键后松开，左侧数第 1 只 LED 灯点亮；第 2 次按下按键后松开，左侧数第 1 只 LED 灯熄灭，第 2 只 LED 灯点亮……第 9 次按下按键后松开，左侧数第 8 只 LED 灯熄灭，左侧数第 1 只 LED 灯点亮，循环进行。扫描右方二维码，查看实验效果。

实验效果

5　任务扩展

(1) 改变每次按键后 LED 灯的显示效果，比如，一开始 LED 灯全灭，按一下按键，LED 灯全亮，再按一下按键，LED 灯全灭，循环进行。

(2) 增加一个按键 k1 与 P11 引脚连接，然后查看 k0 和 k1 联合控制 LED 灯的显示效果，比如，一开始 LED 灯全灭，按一下 k0 按键，LED 灯全亮，再按一下 k1 按键，LED 灯全灭，循环进行。

项目 3　数码管显示器应用

引言

本项目通过一位数字显示器、四位数字显示器两个任务，介绍了数码管的具体应用；通过键值显示器任务，介绍了矩阵式键盘的具体应用。每个任务之后都有扩展练习，教学过程中实现了"学、教、做"相融合，理论与实践相统一。

项目目标

➢ 熟悉数码管显示器的结构及工作原理
➢ 学会单片机控制数码管显示数字的方法

项目任务

用单片机 I/O 口控制数码管显示器显示数字。

项目相关知识

常用的 LED 显示器有 LED 状态显示器(俗称发光二极管)、LED 7 段显示器(俗称数码管)和 LED 16 段显示器。发光二极管可显示两种状态，用于系统状态显示；数码管用于数字显示；LED 16 段显示器用于字符显示。

任务 3.1　一位数字显示器

任务目标

➢ 完成一位数字显示器的硬件电路连接
➢ 完成一位数字显示器的软件程序设计

任务内容

➢ 连接一位数字显示器的硬件电路
➢ 设计一位数字显示器的软件程序

任务相关知识

1　数码管结构

数码管由8个发光二极管(简称字段)构成，通过不同的组合来显示数字0～9、字符A～F、H、L、P、R、U、Y、符号"—"及小数点"."。数码管的外形结构如图3.1所示。数码管结构分为共阴极和共阳极两种。常用的LED显示器为8段的(或7段的，8段的比7段的多了一个小数点"dp"段)。

2　数码管工作原理

共阳极数码管的8个发光二极管的阳极(二极管正极)连接在一起。通常，公共阳极接高电平(一般接电源)，其他管脚接段码驱动电路输出端。当某段驱动电路的输出端为低电平时，则该端所连接的字段导通并点亮，根据发光字段的不同组合可显示出各种数字或字符。此时，要求段驱动电路能吸收额定的段导通电流，还需根据外接电源及额定段导通电流来确定相应的限流电阻。

共阴极数码管的8个发光二极管的阴极(二极管负极)连接在一起。通常，公共阴极接低电平(一般接地)，其他管脚接段驱动电路输出端。当某段驱动电路的输出端为高电平时，则该端所连接的字段导通并点亮，根据发光字段的不同组合可显示出各种数字或字符。此时，要求段驱动电路能提供额定的段导通电流，还需根据外接电源及额定段导通电流来确定相应的限流电阻。

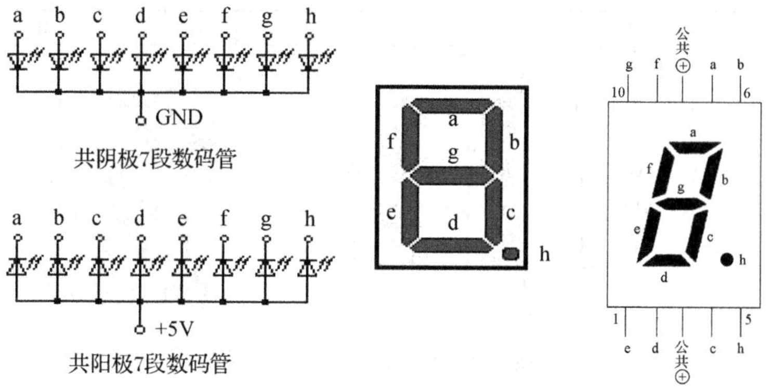

图3.1　数码管结构图

任务实施

本任务的执行效果是数码管能够循环显示数字0～9。

1　认识器件

本实训任务用到的实训器件包括：一位数码管(1个，共阴极)、色环电阻(8个)、面包板(1块)、单片机最小系统板(1块)、下载器(1个)、杜邦线(若干)。

本任务中新增的器件为一位数码管，该器件的型号为5161AH，是常用的一位共阴数码管。

要使数码管显示出相应的数字或字符，必须使段数据口输出相应的字形编码。字形编码各位的定义为：数据线 D0 与 a 字段对应，D1 与 b 字段对应……依次类推。如使用共阳极数码管，数据为 0 表示对应字段亮，数据为 1 表示对应字段暗；如使用共阴极数码管，数据为 0 表示对应字段暗，数据为 1 表示对应字段亮。例如，要显示“0”，共阳极数码管的字形编码应为 11000000B（即 C0H），如图 3.2 所示；共阴极数码管的字形编码应为 00111111B（即 3FH），如图 3.3 所示，依次类推，共阳极数码管字形编码如表 3.1 所示，共阴极数码管字形编码如表 3.2 所示。

显示数码	dp (h)	g	f	e	d	c	b	a	共阳极 (h–a)
0	1	1	0	0	0	0	0	0	C0

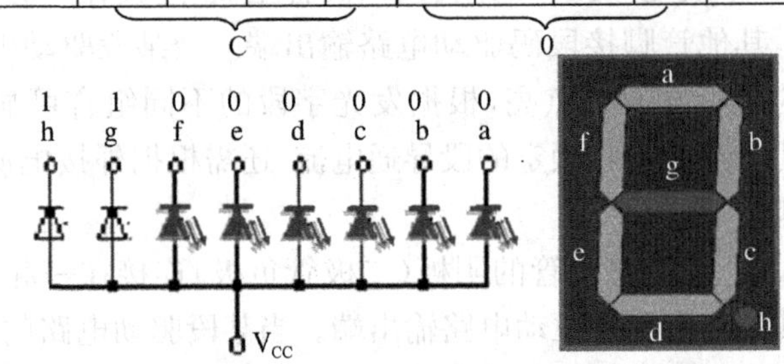

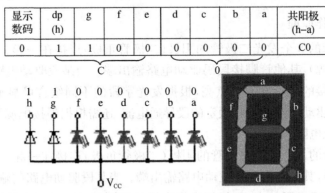

图 3.2　共阳极数码管字形编码

显示数码	dp (h)	g	f	e	d	c	b	a	共阴极 (h–a)
0	0	0	1	1	1	1	1	1	3F

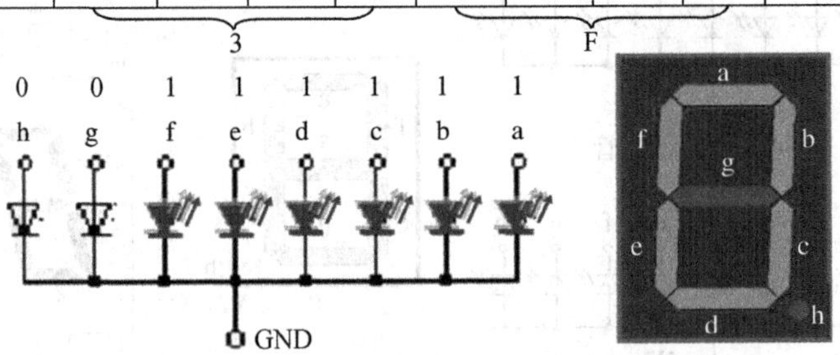

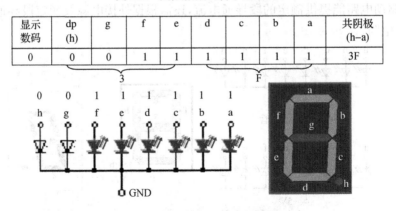

图 3.3　共阴极数码管字形编码

表 3.1　共阳极数码管字形编码表

显示数码	dp	g	f	e	d	c	b	a	共阳极(h－a)
0	1	1	0	0	0	0	0	0	C0
1	1	1	1	1	1	0	0	1	F9
2	1	0	1	0	0	1	0	0	A4
3	1	0	1	1	0	0	0	0	B0
4	1	0	0	1	1	0	0	1	99
5	1	0	0	1	0	0	1	0	92

续表

显示数码	dp	g	f	e	d	c	b	a	共阳极(h－a)
6	1	0	0	0	0	0	1	0	82
7	1	1	1	1	1	0	0	0	F8
8	1	0	0	0	0	0	0	0	80
9	1	0	0	1	0	0	0	0	90

表 3.2　共阴极数码管字形编码表

显示数码	dp	g	f	e	d	c	b	a	共阴极(h－a)
0	0	0	1	1	1	1	1	1	3F
1	0	0	0	0	0	1	1	0	06
2	0	1	0	1	1	0	1	1	5B
3	0	1	0	0	1	1	1	1	4F
4	0	1	1	0	0	1	1	0	66
5	0	1	1	0	1	1	0	1	6D
6	0	1	1	1	1	1	0	1	7D
7	0	0	0	0	0	1	1	1	07
8	0	1	1	1	1	1	1	1	7F
9	0	1	1	0	1	1	1	1	6F

2　连接电路

如图 3.4 所示，将一位数码管和单片机最小系统板相连。由于使用的是共阴极数码管，所以数码管的 COM 端口接最小系统板的 GND 引脚，并连接电阻进行分压，保护电路。数码管上的剩余引脚分别接最小系统板的 P00～P07 引脚。由于单片机 P0 口的特殊性，每一个引脚上需要连接上拉电阻。工作时，给 P00～P07 引脚不同的高/低电平，点亮数码管上的 LED，从而显示不同的数字。扫描下方二维码，查看电路连接。

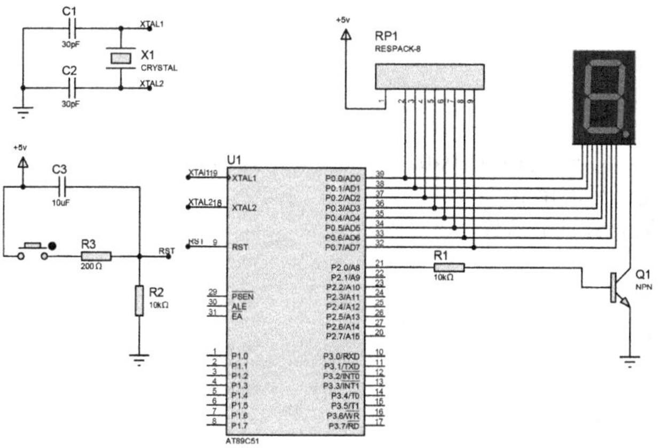

图 3.4　单个数码管电路原理图

电路连接

背景知识

51 单片机 P0 口内部没有上拉电阻，为高阻状态，所以不能正常地输出高/低电平，因此该组 I/O 口在使用时务必外接上拉电阻，一般选择接入 10 kΩ 的上拉电阻。

3 编写代码

根据硬件电路工作原理，设计程序流程图如图 3.5 所示。

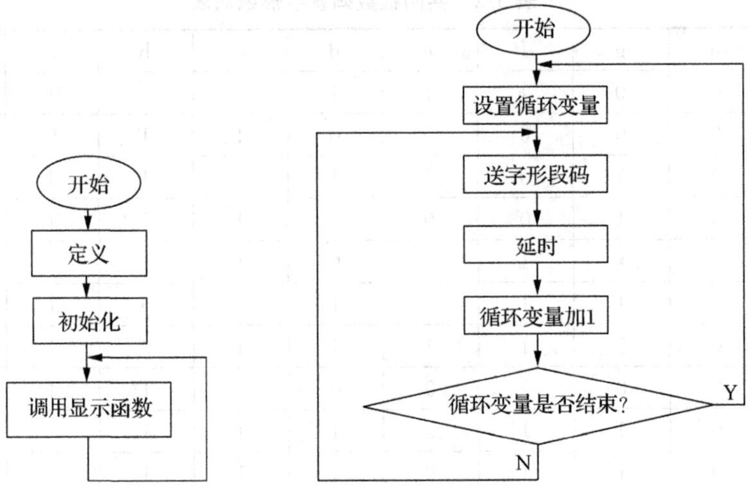

(a) 主流程图　　(b) 显示子程序流程图

图 3.5 程序流程图

程序的设计思路是：首先定义显示数组、延时函数和显示函数，然后进入主函数，先进行端口初始化，再在主循环里调用显示函数进行数字显示。显示函数的主要任务是将显示数组里的数据按一定时间间隔送到 P0 口进行显示，每个数字的显示时间通过延时函数控制。编写程序实现数字 0～9 的循环显示，如下所示：

```
#include <reg51.h>
#define uchar unsigned char
#define uint unsigned int
uchar Seg_Data[]=
{0x3f,0x06,0x5b,0x4f,0x66,0x6d,0x7d,0x07,0x7f,0x6f};//数组存放共阴极 0～9 的段码
void Delay(uint i);//定义延时函数
void Seg_Dis();//定义数码管显示函数
void main()
{
  P0=0x00;//熄灭数码管
  while(1)
  {
    Seg_Dis();//调用显示函数
  }
}
```

```
void Seg_Dis()
{
  uchar i;
  for(i=0;i<10;i++)//设置循环次数
  {
    P0=Seg_Data[i];//向 P0 口送显示段码
    Delay(500);//延时 0.5s
  }
}
void Delay(uint i)//延时函数
{
  uint x,y;
  for(x=0;x<i;x++)
    for(y=0;y<250;y++);
}
```

打开 Keil 软件，新建工程并命名为“1_Display”，在工程中添加“1_Display.c”文件，将程序代码输入该文件中并保存，编译无误后生成.hex 文件，如图 3.6 所示。扫描下方二维码，查看完整代码。

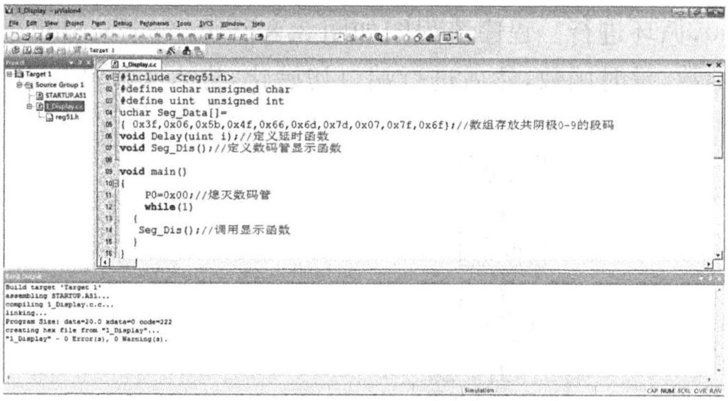

图 3.6　程序编译无误

本节代码

4　下载程序并测试

将程序代码下载到单片机中，一位数码管上的数字将从“0”依次跳到“9”，循环进行。请扫描右方二维码，查看实验效果。

实验效果

5　任务扩展

实现以两位数字显示器显示 0～99。

要显示 0～99 的数字，必须有两个数码管来分别显示个位和十位的数字，硬件电路图如图 3.7 所示。一个数码管只能显示一位数字，如果要显示 10 以上的数字，必须将个位和十位拆开分别显示。两个数码管的公共端直接接地，段码线分别接 P2 口和 P0 口。

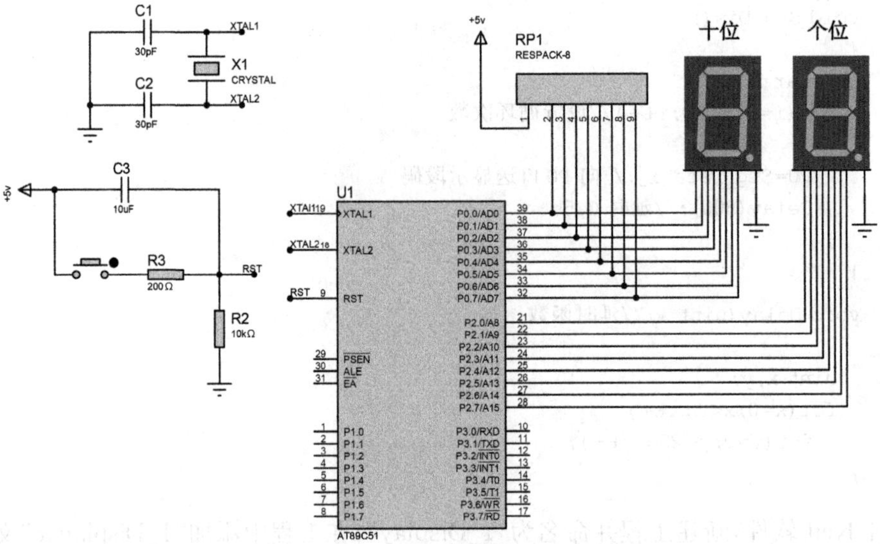

图 3.7　两位数字显示器电路原理图

程序的设计思路是:开始运行时,数码管显示数字 00,每隔一段时间数码管显示的数字加 1,显示到 99 后重新显示 00,循环进行。程序流程图如图 3.8 所示,先定义显示数组、显示数据变量、拆字函数、显示函数、延时函数,然后进行端口初始化,进入主循环后调用拆字函数、显示函数、延时函数。

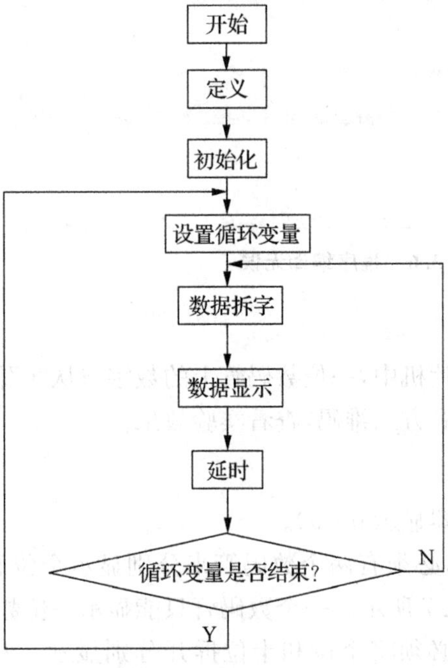

图 3.8　程序流程图

拆字函数的主要任务是将待显示数据的个位和十位拆开,分别存入数组。显示函数的主要任务是将显示数据送入 P0 端口和 P2 端口显示,当数字显示为 99 之后重新显示为 00,

然后循环进行。程序编写如下：

```
#include <reg51.h>
#define uchar unsigned char
#define uint unsigned int
uchar Seg_Data[]=
{0x3f,0x06,0x5b,0x4f,0x66,0x6d,0x7d,0x07,0x7f,0x6f};//数组存放共阴极 0~9 的段码
uchar Dis_Data[]={0,0};//定义显示数组
long N=0;//定义要显示的数据
void Delay(uint i);//定义延时函数
void Seg_Dis();//定义显示函数
void Data_Handle();//数据处理,拆字
void main()
{
  P0=0x00;//数码管熄灭
  P2=0x00;//数码管熄灭
  while(1)
  {
    for(N=0;N<100;N++)
    {
      Data_Handle();//调用拆字函数
      Seg_Dis();//调用显示函数
      Delay(500);//调用延时函数
    }
  }
}
void Delay(uint i)//延时函数
{
  uint x,y;
  for(x=i;x>0;x--)
    for(y=110;y>0;y--);
}
void Seg_Dis()//显示函数
{
  P0=Seg_Data[Dis_Data[1]];//送十位数段码
  P2=Seg_Data[Dis_Data[0]];//送个位数段码
}
void Data_Handle()//拆字函数
{
  Dis_Data[0]=N%10;//取个位数
  Dis_Data[1]=N/10;//取十位数
}
```

任务 3.2 四位数字显示器

任务目标

➢ 完成四位数字显示器的硬件电路连接
➢ 完成四位数字显示器的软件程序设计

任务内容

➢ 连接四位数字显示器的硬件电路
➢ 设计四位数字显示器的软件程序

任务相关知识

实际应用中,为了显示方便,经常将多个同类型的数码管合并在一起使用,称为 LED 显示器。常用 LED 显示器的结构原理图如图 3.9 所示。N 个 LED 显示块有 N 位位码线和 $8\times N$ 根段码线。段码线控制显示的字形,位码线控制该显示位的亮或暗。LED 控制器的显示分为静态显示和动态显示两种。

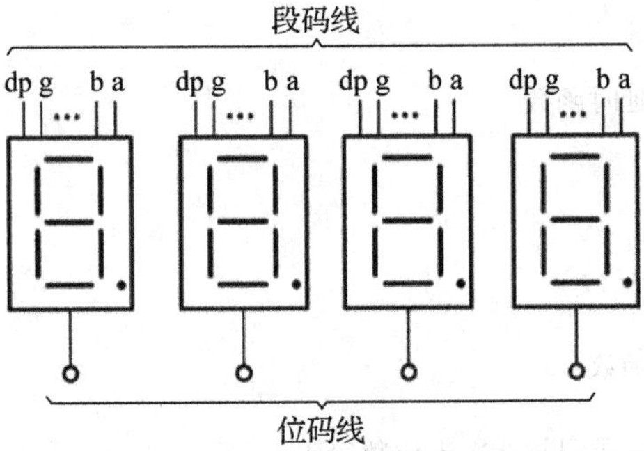

图 3.9 LED 显示器的结构原理图

1 静态显示

静态显示是指数码管显示某一字符时,相应的发光二极管恒定导通或恒定截止。这种显示方式的各位数码管相互独立,公共端恒定接地(共阴极)或接正电源(共阳极),如图 3.10 所示。每个数码管的 8 个字段分别与一个 8 位 I/O 地址相连,I/O 口只要有段码输出,相应字符即显示出来并保持不变,直到 I/O 口输出新的段码。采用静态显示方式时,较小的电流即可获得较高的亮度,且占用 CPU 时间少,编程简单,便于监测和控制。但该方式占用的口线较多,硬件电路复杂,成本高,只适用于显示位数较少的场合。

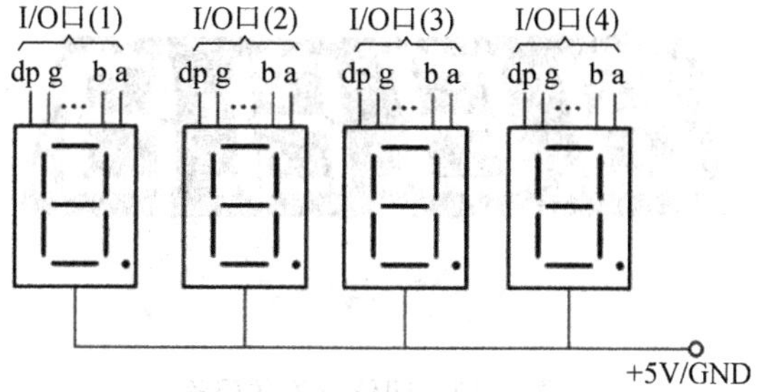

图 3.10　静态显示连接图

2　动态显示

动态显示是指一位一位地轮流点亮各位数码管，这种逐位点亮显示器的方式称为位扫描。通常，各位数码管的段码线相应并联在一起，由一个 8 位的 I/O 口控制；各位数码管的位码线（共阴极或共阳极）由另外的 I/O 口线控制，如图 3.11 所示。采用动态方式显示时，各位数码管分时轮流选通，要使其稳定显示，必须采用扫描方式，即在某一时刻只选通一位数码管，并送出相应的段码，在另一时刻选通另一位数码管，并送出相应的段码。以此规律循环，即可使各位数码管显示需要显示的字符。虽然这些字符是在不同的时刻分别显示的，但由于人眼存在视觉暂留效应，只要每个字符的显示间隔足够短就可以给人以同时显示的感觉。

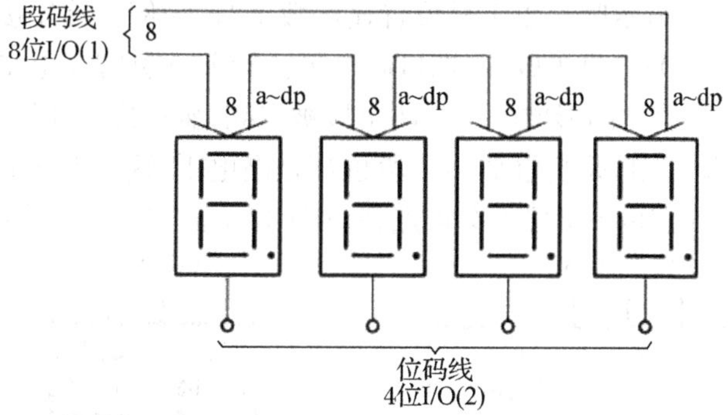

图 3.11　动态显示连接图

任务实施

利用动态显示法，控制四位数码管显示不同数字。

1　认识器件

本实训任务用到的实训器件包括：四位数码管（1 个，共阴极）、色环电阻（8 个）、面包板（1 块）、单片机最小系统板（1 块）、下载器（1 个）、杜邦线（若干）。

四位数码管是能显示四位数字的数码管。四位数码管也分为共阳极数码管和共阴极数码管，使用方法与一位数码管相似。常见的四位共阳极数码管的型号为 5641BS，四位共阴极数码管的型号为 5641AS，如图 3.12 所示，共阳极、共阴极两种数码管的外形是一样的，要根据型号或用万用表测量来区分极性。

图 3.12　四位一体数码管

以四位共阴极数码管为例，它利用四个 COM 端口和 a～h 端口控制数字的显示。动态显示时，COM1、COM2、COM3 和 COM4 端口连接的不是最小系统板的 GND 引脚，而是通过驱动电路，由最小系统板的 P20、P21、P22 和 P24 四个引脚进行控制。

四位数码管是如何控制数字显示的呢？下面以显示“1234”为例，解释四位数码管的工作原理。

四位数码管在显示数字时每次只能显示一位数字。要显示“1234”，数码管先在 1 号位置显示“1”，接着在 2 号位置显示“2”，依次类推。由于人眼具有视觉暂留效应，尽管“1234”中的各个位数先后单独显示，但由于间隔时间短，后一位数显示时，前一位数的余辉仍停留在人眼中，因此我们看到四位数码管上显示的数字就是“1234”。

四位数码管上标有 a 的数码管有 4 段，但只有 1 个 a 引脚。那么四位数码管的引脚是如何控制数码管中每段的显示呢？以 1 号位置显示数字“1”为例。首先接通 COM1 端口，给其低电平，再给 COM2、COM3 和 COM4 端口高电平。给 b、c 引脚高电平，这样使得 1 号位置的 COM1 端口和 b、c 引脚之间形成电压差，b、c 段被点亮，显示数字“1”。此时，2、3、4 号位置的 COM2、COM3 和 COM4 端口是高电平，b、c 段也都是高电平，这样 COM 端口和 b、c 引脚之间没有电压差，2、3、4 号位置的 b、c 段不会被点亮，并不显示数字。显示效果如图 3.13 所示。

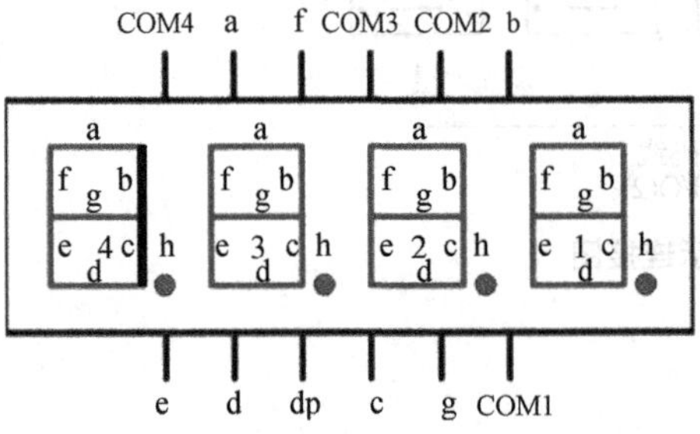

图 3.13　显示“1”时四位数码管的状态

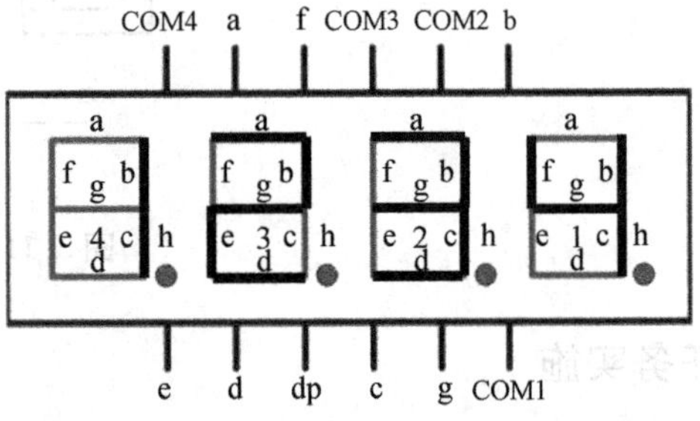

图 3.14　显示“1234”时四位数码管的状态

1 号位置显示数字“1”之后，同理，2 号位置显示数字“2”，3 号位置显示数字“3”，4 号位置显示数字“4”。利用循环语句，让数码管不断重复显示数据，因为人眼的视觉暂留效应，就会看到四位数码管显示数字“1234”，如图 3.14 所示。

2　连接电路

根据图 3.15 进行电路连接，COM 端口连接到 NPN 三极管的集电极，三极管的基极与单片机的 P2.0、P2.1、P2.2 和 P2.3 口连接，三极管的射极与 GND 相连。四位数码管工作时，COM1 端口结合 a、b、c、d、e、f、g、h 端口共同控制 1 号数码管。同理，COM2 端口控制 2

号数码管；COM3 端口控制 3 号数码管；COM4 端口控制 4 号数码管。扫描下方二维码，查看电路连接。

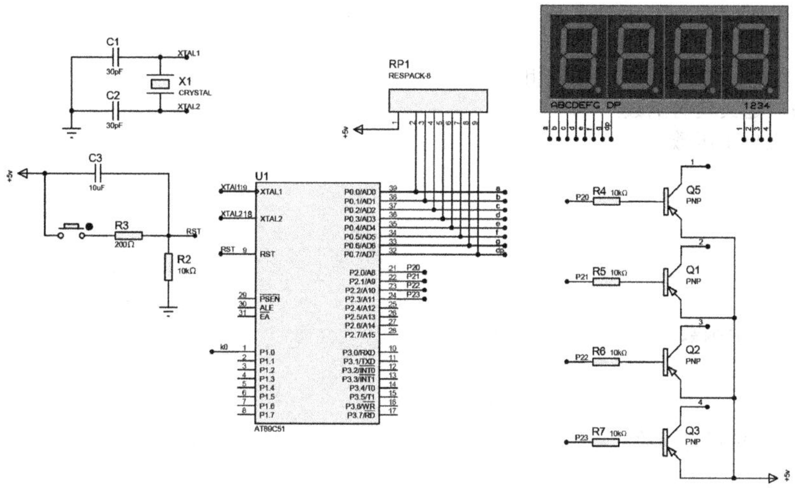

图 3.15　四位数码管电路原理图

电路连接

背景知识

由于 51 系列单片机的 I/O 口的输出方式为强下拉/弱上拉，高电平输出电流很小，用来直接驱动数码管的公共端时，由于电流不够，会使数码管很暗，因此在实际应用中常用三极管进行驱动。三极管起到电流放大、开关控制的作用。三极管导通时，接通数码管的公共端并提供足够大的电流；三极管截止时，断开数码管的公共端，数码管不会亮。除用三极管外，还可以选择 74LS138、74LS244 等芯片进行驱动。

3　编写代码

打开 Keil 软件，新建工程并命名为“4-DISPLAY”，在工程中添加“4-DISPLAY. c”文件，根据硬件电路工作原理，设计程序流程图如图 3.16 所示。

程序的设计思路是：首先定义字形段码数组、字形位码数组、延时函数，然后进入主函数，先进行端口初始化，再在主循环里调用显示函数。显示函数的主要任务是将字形位码和段码数组里的数据按一定时间间隔送到 P0 口和 P2 口进行显示，每个数字的显示时间通过延时函数控制。

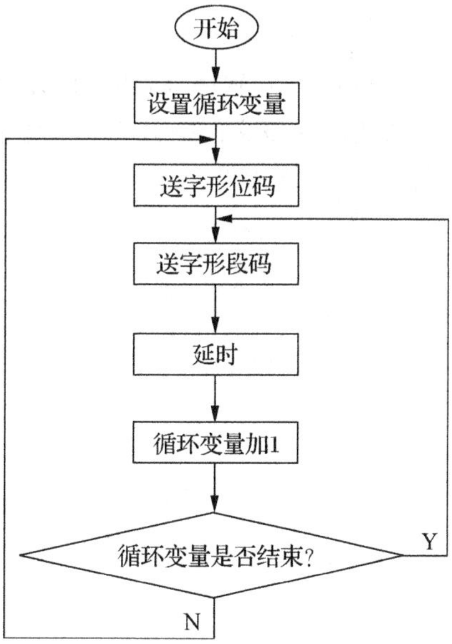

图 3.16　程序流程图

程序编写如下：

```
#include <reg51.h>
#define uchar unsigned char
```

```
#define uint unsigned int
Uchar Seg_Data[]=
{0x3f,0x06,0x5b,0x4f,0x66,0x6d,0x7d,0x07,0x7f,0x6f};//数组存放共阴极 0～9 的段码
uchar Seg_Digi[]={0x01,0x02,0x04,0x08};
//定义共阳极位码
uchar Dis_Data[]={1,2,3,4};//定义显示数组
void Delay(uint i);//定义延时函数
void Seg_Dis();//定义显示函数
void main()
{
  P0=0x00;//数码管熄灭
  while(1)
  {
    Seg_Dis();//调用显示函数
  }
}
void Delay(uint i)//定义延时函数
{
  uint x,y;
  for(x=i;x>0;x--)
    for(y=110;y>0;y--);
}
void Seg_Dis()
{
  uchar i;
  for(i=0;i<4;i++)
  {
    P2=~Seg_Digi[i];//送位码
    P0=~Seg_Data[Dis_Data[i]];//送段码
    Delay(5);//延时
  }
}
```

打开 Keil 软件，新建工程并命名为“4_Display”，在工程中添加“4_Display. c”文件，将程序代码输入该文件中并保存，编译无误后生成. hex 文件，如图 3. 17 所示。扫描下方二维码，查看完整代码。

图 3. 17　程序编译无误

本节代码

4　下载程序并测试

将程序代码下载到单片机中，四位数码管上的数字将从左到右依次显示“1”“2”“3”“4”。请扫描右方二维码，查看实验效果。

实验效果

5　任务扩展

1）键控两位计数器显示

如图 3.18 所示为按键控制两位计数器显示数字 00～99 的硬件电路图。该电路的显示器采用两位 LED 数码管，两个数码管一个显示个位数，一个显示十位数，数码管采用动态显示方式，公共端用单片机端口 P2.1 和 P2.2 控制，段码线并行接 P0 端口。

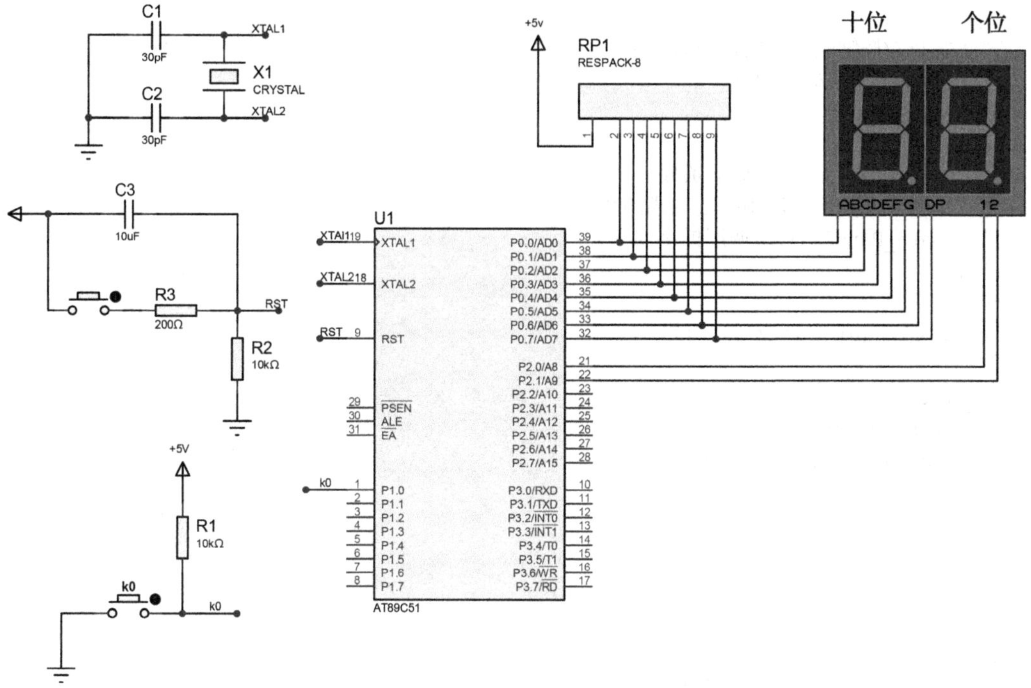

图 3.18　键控两位计数器显示电路图

程序的设计思路是：开始运行时，数码管显示数字 00，每按一次按键，数码管显示的数字加 1，显示到 99 后再按一次按键，数码管重新显示 00；如果不按键，则数字保持不变。编写程序时，先定义按键端口、按键变量、段码显示数组、位码显示数组、显示函数、拆字函数、按键扫描函数、延时函数，然后进行端口初始化，进入主循环后调用拆字函数、显示函数和按键扫描函数。拆字函数的主要任务是将待显示数据的个位和十位拆开，分别存入数组。显示函数的主要任务是将段码数据送入 P0 端口，位码数据送入 P2.0 和 P2.1 端口，当数字显示为 99 之后重新显示 00。按键扫描函数的主要任务是判断是否有键按下，如果按下，则将按键变量加 1，当数字显示为 99 之后，再按一次键，数字显示 00，然后循环进行。程序编写如下：

```
#include <reg51.h>
```

```
#define uchar unsigned char
#define uint unsigned int
sbit K0=P1^0;//定义按键端口
uchar Seg_Data[]={0x3f,0x06,0x5b,0x4f,0x66,0x6d,0x7d,0x07,0x7f,0x6f};
//数组存放共阴极 0～9 的段码
uchar Seg_Digi[]={0xfd,0xfe};//定义共阴极位码
uchar Dis_Data[]={0,0};//定义显示数组
uint N=0;//定义要显示的数据
void Delay(uint i);//定义延时函数
void Seg_Dis();//定义显示函数
void Data_Handle();//定义拆字函数
void Key_Scan();//定义按键扫描函数
void main()
{
  K0=1;//按键端口初始化为高电平
  P0=0x00;//数码管熄灭
  while(1)
  {
    Seg_Dis();//调用显示函数
    Key_Scan();//调用按键扫描函数
    Data_Handle();//调用拆字函数
  }
}
void Delay(uint i)//延时函数
{
  uint x,y;
  for(x=i;x>0;x--)
    for(y=110;y>0;y--);
}
void Seg_Dis()
{
  uchar i;
  for(i=0;i<2;i++)
  {
    P2=Seg_Digi[i];//送位码
    P0=Seg_Data[Dis_Data[i]];//送段码
    Delay(5);//延时
  }
}
void Data_Handle()
{
  Dis_Data[0]=N%10;//取个位数
  Dis_Data[1]=N/10;//取十位数
}
void Key_Scan()
{
  if(K0==0)//判断按键是否按下
  {
    while(!K0)Seg_Dis();//等待按键弹起
    N++;//显示数据加 1
```

```
    if(N==100)N=0;//如果显示数据为 100,则赋 0
  }
}
```

2）八位数码管动态显示

图 3.19 所示为以八位数码管显示 00－00－00 到 23－59－59 这样的类似时钟数字的硬件电路图。8 个数码管采用动态连接方式，段码线连接 P0 端口，位码线分别连接 P2 口的 8 个端口。开始运行时，数码管显示数字 00－00－00，每按一次按键，数码管显示的数字加 1，显示到 23－59－59 后再按一次按键，重新显示 00－00－00，循环进行。程序流程图如前面的图 3.16 所示。编写程序时，先定义按键端口、段码显示数组、位码显示数组、显示函数、拆字函数、按键扫描函数、延时函数，然后进行端口初始化，进入主循环后调用拆字函数、显示函数和按键扫描函数。拆字函数的主要任务是将待显示数据的个位和十位拆开，分别存入数组。显示函数的主要任务是将段码数据送入 P0 端口，位码数据送入 P2 端口，其中数字和中间短横的显示分开进行。按键扫描函数的主要任务是判断是否有键按下，如果按下，则将按键变量加 1，当秒变量为 60 后，再按一次按键，则分变量加 1，秒变量清零；当分变量为 60 后，再按一次按键，则时变量加 1，分变量清零；当时变量为 24，分变量为 0，秒变量为 0 时，全部清零。当数字显示为 23－59－59 之后，再按一次按键，数字显示 00－00－00，然后循环进行。程序编写如下：

```
#include <reg51.h>
#define uchar unsigned char
#define uint unsigned int
sbit K0=P1^0;//定义按键端口
uchar Seg_Data[]=
{0x3f,0x06,0x5b,0x4f,0x66,0x6d,0x7d,0x07,0x7f,0x6f};
//数组存放共阴极 0～9 的段码
uchar Seg_Digi[]={0x7f,0xbf,0xef,0xf7,0xfd,0xfe};//定义共阴极位码
uchar Dis_Data[]={0,0,0,0,0,0};//定义显示数组
uint N1,N2,N3;//定义要显示的数据
void Delay(uint i);//定义延时函数
void Seg_Dis();//定义显示函数
void Data_Handle();//定义拆字函数
void Key_Scan();//定义按键扫描函数
void main()
{
  K0=1;//按键端口初始化为高电平
  P0=0x00;//数码管熄灭
  while(1)
  {
    Seg_Dis();//调用显示函数
    Key_Scan();//调用按键扫描函数
    Data_Handle();//调用拆字函数
  }
}
void Delay(uint i)//延时函数
{
```

```
    uint x,y;
    for(x=i;x>0;x--)
      for(y=110;y>0;y--);
}
void Seg_Dis()
{
    uchar i;
    for(i=0;i<6;i++)
    {
        P2=Seg_Digi[i];//送位码
        P0=Seg_Data[Dis_Data[i]];//送段码
        Delay(5);//延时
    }
    //显示短横
    P2=0xfb;//送位码
    P0=0x40;//送段码
    Delay(5);//延时
    P2=0xdf;//送位码
    P0=0x40;//送段码
    Delay(5);//延时
}
void Data_Handle()
{
    Dis_Data[0]=N1%10;//取时数据个位
    Dis_Data[1]=N1/10;//取时数据十位
    Dis_Data[2]=N2%10;//取分数据个位
    Dis_Data[3]=N2/10;//取分数据十位
    Dis_Data[4]=N3%10;//取秒数据个位
    Dis_Data[5]=N3/10;//取秒数据十位
}
void Key_Scan()
{
    if(K0==0)//判断按键是否按下?
    {
      while(!K0)Seg_Dis();//等待按键弹起
      N1++;//秒数据加 1
      if(N1==60)
      {
        N1=0;
        N2++;
        if(N2==60)
        {
          N2=0;
          N3++;
          if(N3==24)
          {
            N1=0;
            N2=0;
            N3=0;
```

```
                }
            }
        }
    }
}
```

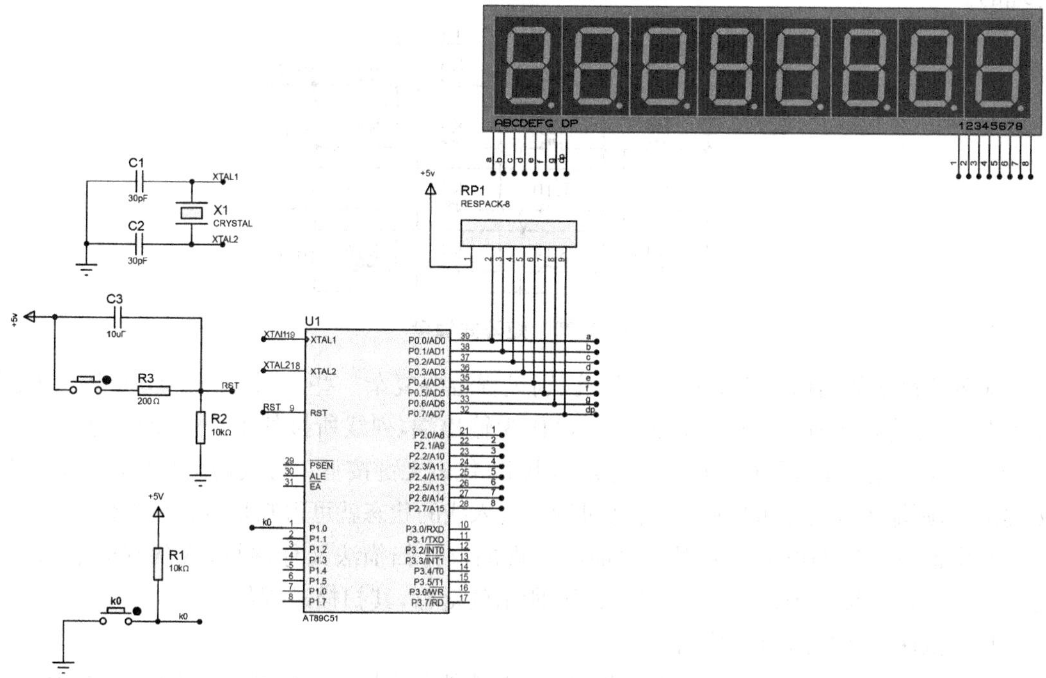

图 3.19　键控八位数码管动态显示电路图

任务 3.3　键值显示器

任务目标

- 完成键值显示器的硬件电路连接
- 完成键值显示器的软件程序设计

任务内容

- 连接键值显示器的硬件电路
- 设计键值显示器的软件程序

任务相关知识

当键盘中按键较多时，为了减少 I/O 口的占用，通常将按键排列成矩阵形式，如图 3.20

所示。在键盘中,每条水平线和垂直线在交叉处不直接连通,而是通过一个按键加以连接。这样,一个端口(如 P1 口)就可以构成 4×4=16 个按键,比直接将端口线用于键盘时多出了一倍。而且线数越多,区别越明显,比如再多加一条线就可以构成 20 键的键盘,而直接用端口线则只能多出一键(9 键)。由此可见,在需要的键数比较多时,采用矩阵法来制作键盘是合理的。

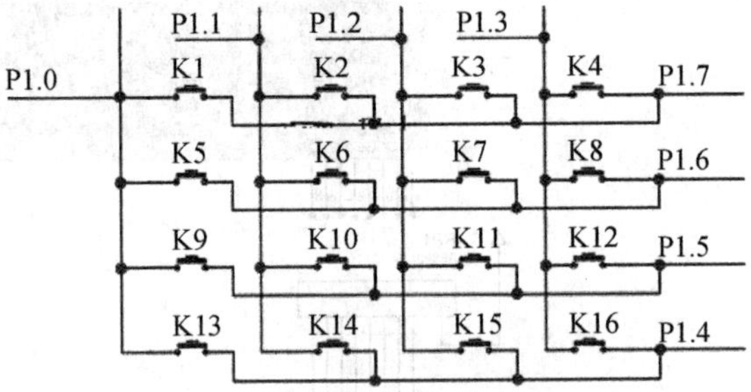

图 3.20　矩阵式键盘

矩阵式键盘的结构显然要复杂一些,识别过程也要复杂一些。图 3.20 中,列线通过电阻接正电源,并将行线所接的单片机的 I/O 口作为输出端,列线所接的 I/O 口则作为输入。这样,当按键没有按下时,所有的输出端都是高电平,代表无键按下。行线输出是低电平,一旦有按键按下,则输入线就会被拉低,这样通过读取输入线的状态就可得知是否有键被按下了。

确定键盘上何键被按是采用行扫描法实现的。行扫描法又称逐行(或列)扫描查询法,是一种最常用的按键识别方法。如图 3.20 所示的键盘,其扫描过程如下:

1) 判断键盘中有无键被按下

将全部行线 P1.4～P1.7 置低电平,然后检测列线的状态。只要有一列的电平为低,则表示键盘中有键被按下,而且闭合的键位于低电平线与 4 根行线相交叉的 4 个按键之中。若所有列线均为高电平,则键盘中无键被按下。

2) 判断闭合键所在的位置

在确认有键按下后,即可进入确定具体闭合键的过程。方法是:依次将行线置为低电平,即在置某根行线为低电平时,其他线为高电平。在确定某根行线置为低电平后,再逐行检测各列线的电平状态。若某列线为低电平,则该列线与置为低电平的行线交叉处的按键就是闭合的按键。

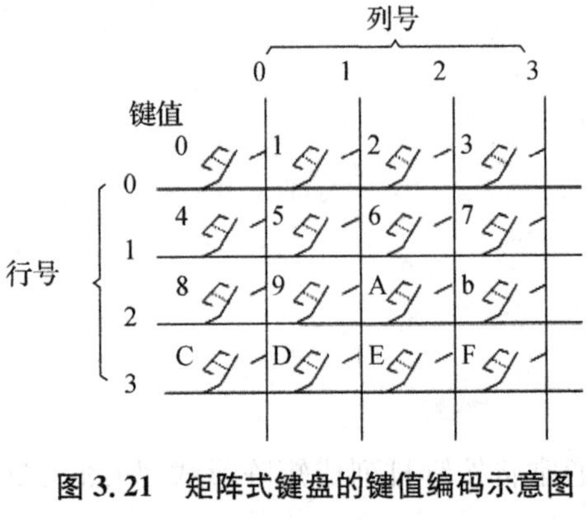

图 3.21　矩阵式键盘的键值编码示意图

3) 键值计算

在确认有键被按下后,就要确定闭合键的具体位置,即计算键值。对于 4×4 矩阵式键盘,键值与行号、列号之间的关系为:键值=行号×4+列号。键值的编码如图 3.21 所示。

任务实施

本任务的执行效果是当按下某一按键时,显示该按键的值。

1　认识器件

本实训任务用到的实训器件包括：4×4 矩阵式键盘（1 块）、一位数码管（1 个，共阴极）、色环电阻（12 个）、面包板（1 块）、单片机最小系统板（1 块）、下载器（1 个）、杜邦线（若干）。

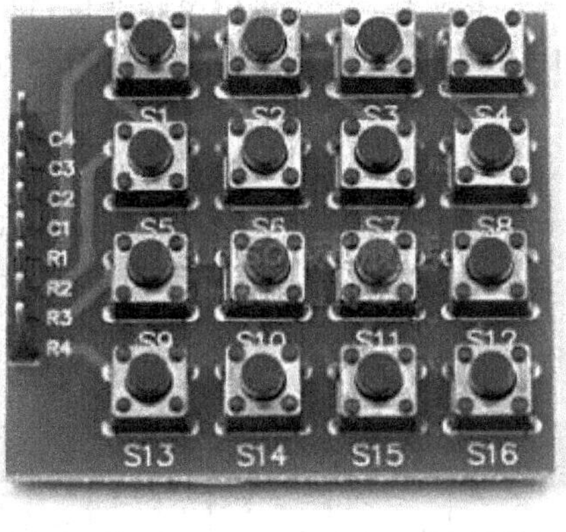

图 3.22　4×4 矩阵式键盘实物图

4×4 矩阵式键盘的实物图如图 3.22 所示。C1～C4 为键盘的 4 行，与单片机的 P1.4～P1.7 端口连接；R1～R4 为键盘的 4 列，与单片机的 P1.0～P1.3 端口连接。按键扫描过程如下：

1）检测是否有键按下

让 P1.4～P1.7 端口的输出全为“0”，读取 P1.0～P1.3 端口的状态，若全为“1”，则说明无键闭合；否则，说明有键闭合。

2）去除键抖动并确定键值

当检测到有键被按下后，延时一段时间再做一次检测，若仍有键被按下，则识别是哪一个键被按下。

3）处理并显示键值

根据键值进行键处理，将按键的键值显示在数码管上。

对键盘的行线进行扫描，P1.4～P1.7 端口按 4 种组合依次输出：1110（P1.4 为 0）、1101（P1.5 为 0）、1011（P1.6 为 0）、0111（P1.7 为 0）。在每组行输出时，读取列线所接 P1.0～P1.3 端口的状态，若全为“1”，则表示为“0”这一列没有键闭合；否则就是有键闭合。由此得到闭合键的行值和列值，然后可采用计算法或查表法将闭合键的行值和列值转换成所定义的键值。

背景知识

薄膜键盘是薄膜开关范畴的一例，是按键较多且排列整齐有序的薄膜开关，人们习惯称之为薄膜键盘。薄膜键盘是近年来国际流行的一种集装饰性与功能性为一体的操作系统。由面板、上电路、隔离层、下电路四部分组成。薄膜键盘外形美观、新颖，体积小，重量轻，密封性强，具有防潮、防尘、防油污、耐酸碱、抗震及使用寿命长等特点，广泛应用于医疗仪器、计算机控制、数码机床、电子衡器、邮电通信、复印机、电冰箱、微波炉、电风扇、洗衣机、遥控器、电子游戏机等领域和设备。

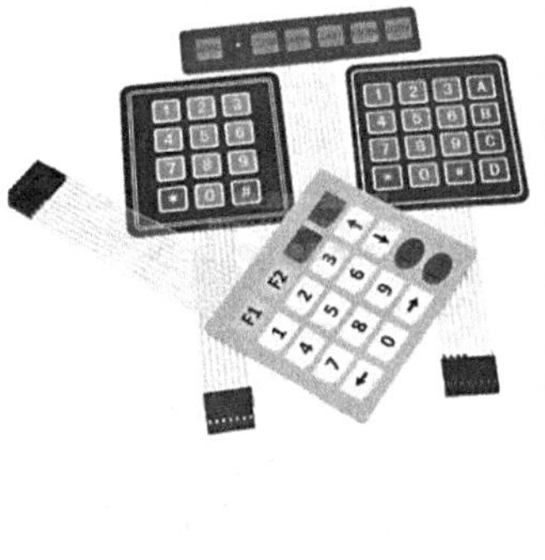

2 连接电路

根据图 3.23 进行电路连接，键盘与 P1 口相连，数码管采用静态显示，公共端直接接地，P0 口接 7 个段的控制线。扫描下方二维码，查看电路连接。

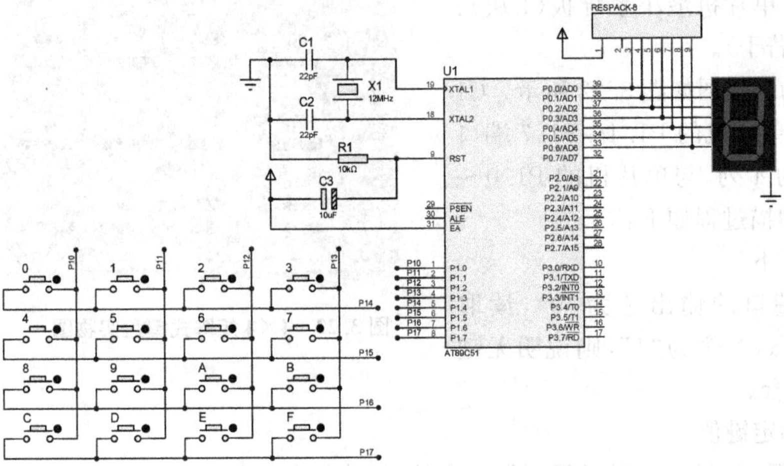

图 3.23 键值显示器电路原理图

电路连接

3 编写代码

根据图 3.23 的硬件电路工作原理，进行软件设计，矩阵式键盘按键扫描程序流程图如图 3.24 所示。

程序的设计思路是：开始运行时，数码管不显示任何数字，每按一个键，数码管显示对应键值。编写程序时，先定义显示数组、延时函数、按键扫描函数，然后进行端口初始化，进入主循环后判断是否有键被按下，如果有键被按下，则读取键值，然后显示键值。按键扫描函数的主要任务是判断按下的按键的行号和列号，并根据行号和列号确定对应键值，将显示数据送入 P0 端口进行显示。程序编写如下：

```
#include <reg51.h>
#include <intrins.h>
#define uchar unsigned char
#define uint unsigned int
uchar Seg_Data[]=
{
  0x3f,0x06,0x5b,0x4f,0x66,0x6d,
  0x7d,0x07,0x7f,0x6f,0x77,0x7c,
  0x39,0x5e,0x79,0x71
};//数组存放共阴极 0~9,A,b,C,d,E,F 的段码
uchar pre_keyno=16,keyno=16;//定义键码变量
//延时
```

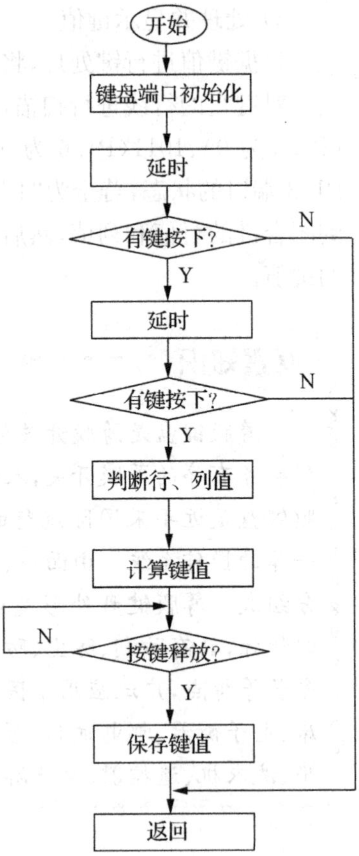

图 3.24 矩阵式键盘按键扫描程序流程图

```
void delayms(uint x)
{
  uchar i;
  while(x--)
  {
    for(i=0;i<120;i++);
  }
}
//按键扫描
void key_scan()
{
  uchar tmp;
  P1=0x0f;//行端口为低电平,列端口为高电平
  delayms(1);
  tmp=P1^0x0f;//异或运算,判断是否有键按下
  switch(tmp)
  {
    case 1: keyno=0;break;//P1.0 列为低电平
    case 2: keyno=1;break;//P1.1 列为低电平
    case 4: keyno=2;break;//P1.2 列为低电平
    case 8: keyno=3;break;//P1.3 列为低电平
    default:keyno=16;//列端口全为高电平,无键按下
  }
  P1=0xf0;
  delayms(1);
  tmp=P1> > 4^0x0f;//判断哪行为低电平
  switch(tmp)
  {
  case 1: keyno+=0;break;//第一行键值为列号加 0
  case 2: keyno+=4;break;//第二行键值为列号加 4
  case 4: keyno+=8;break;//第三行键值为列号加 8
  case 8: keyno+=12;break;//第四行键值为列号加 12
  }
}
//主函数
void main()
{
  P0=0x00;
  while(1)
  {
    P1=0x0f0;//列端口全为高电平
    if(P1!=0xf0)key_scan();//如果有列端口为低电平,则有键按下,扫描按键
    if(pre_keyno!=keyno)//
      {
        P0=Seg_Data[keyno];//读取按键对应键值段码
        pre_keyno=keyno;//存储按键键码值
      }
      delayms(100);
  }
}
```

打开 Keil 软件，新建工程并命名为“Keyboard”，在工程中添加“Keyboard. c”文件，将程序代码输入该文件中并保存，编译无误后生成. hex 文件，如图 3. 25 所示。扫描下方二维码，查看完整代码。

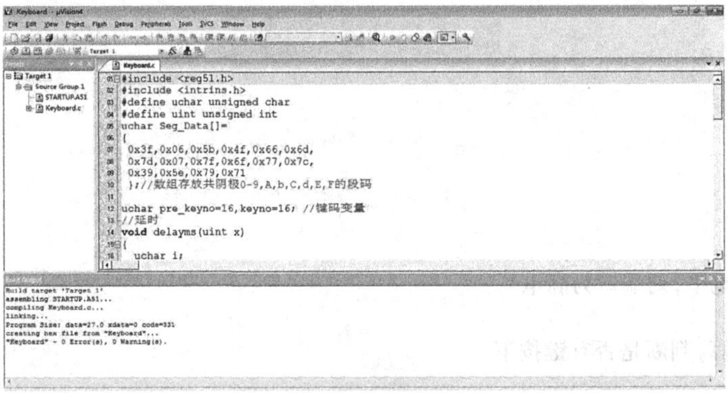

图 3. 25　程序编译无误

本节代码

4　下载程序并测试

将程序代码下载到单片机中，按动键盘上的按键，数码管正确显示键值。请扫描右方二维码，查看实验效果。

实验效果

5　任务扩展

(1) 电路如图 3. 23 所示，改变每个键的键值，并用数码管显示出来。

(2) 设计简单的加减计算器。

项目 4　中断系统及定时器/计数器应用

引言

本项目以水位越限报警装置的设计引入中断系统及其应用；以简易数字钟的设计引入定时器/计数器的工作原理及其应用。每个任务之后都有扩展练习，教学过程中实现了学、教、做相融合，理论与实践相统一。

项目目标

- 理解中断系统的概念、结构及原理
- 学会中断系统的应用方法
- 完成水位越限报警装置的设计
- 掌握定时器/计数器的基本功能、工作原理
- 学会定时器/计数器的应用方法
- 完成简易数字钟的设计

项目任务

- 设计水位越限报警装置
- 设计简易数字钟

项目相关知识

1　中断系统

在单片机控制系统中，对于有可能发生，但又不能确定其是否发生、何时发生的事件处理，通常采用中断方式处理。

CPU 在处理某一事件 A 时，发生了另一事件 B 请求 CPU 迅速去处理(中断发生)；CPU 暂时中断当前的工作，转去处理事件 B(中断响应和中断服务)；待 CPU 将事件 B 处理完毕后，再回到原来事件 A 被中断的地方继续处理事件 A(中断返回)，这一过程称为中断。

中断系统是单片机的重要组成部分，它使单片机具有实时中断处理能力，可以进行实时控制、故障自动处理等。下面简单介绍中断系统的基本概念。

（1）中断源

引起 CPU 中断的根源称为中断源。

（2）中断的开放与关闭

所谓中断的开放（也称开中断），就是允许 CPU 接受中断源提出的中断请求；所谓中断的关闭（也称关中断），就是不允许 CPU 接受中断源提出的中断请求。

（3）中断优先级控制

对于有多个中断源的单片机系统，对中断源进行响应的先后次序必须事先设定，即中断优先级控制。

（4）中断处理过程

中断处理过程可归纳为中断请求、中断响应、中断处理及中断返回四部分。

MCS-51 系列单片机中断系统有 5 个中断源，由 4 个用于中断控制的专用寄存器（TCON、SCON、IE 和 IP）及优先级硬件查询电路构成。

MCS-51 系列单片机的 5 个中断源及中断请求标志见表 4.1，其中有 2 个是外部中断源，另外 3 个属于内部中断源。

表 4.1　MCS-51 系列单片机的中断源与中断请求标志

中断源	说明	标志
外部中断 0（$\overline{INT0}$）	从 P3.2 引脚输入的中断请求	IE0
定时器/计数器 T0	定时器/计数器 T0 溢出发出的中断请求	TF0
外部中断 1（$\overline{INT1}$）	从 P3.3 引脚输入的中断请求	IE1
定时器/计数器 T1	定时器/计数器 T1 溢出发出的中断请求	TF1
串行口	串行口发送、接收数据时产生的中断请求	TI、RI

MCS-51 系列单片机的 5 个中断源的中断请求标志位位于定时器控制寄存器 TCON 和串行口控制寄存器 SCON 中。TCON 及 SCON 中各位的名称如表 4.2 和表 4.3 所示，各位的定义如下：

表 4.2　TCON 中各位的名称

位	7	6	5	4	3	2	1	0
字节地址：88H	TF1	TR1	TF0	TR0	IE1	IT1	IE0	IT0

表 4.3　SCON 中各位的名称

位	7	6	5	4	3	2	1	0
字节地址：98H							TI	RI

① TF1（TF0）：定时器/计数器 T1（T0）的溢出中断请求标志位。当 T1/T0 计数（定时）产生溢出时，由硬件将 TF1（TF0）置 1，向 CPU 请求中断。当 CPU 响应其中断后，由硬件将 TF1（TF0）自动清 0。

② IE1（IE0）：外部中断 1（外部中断 0）的中断请求标志位。IE1（IE0）=1，表示外部中断

1(外部中断 0)请求中断,当 CPU 响应其中断后,由硬件将 IE1(IE0)自动清 0;IE1(IE0)=0,表示外部中断 1(外部中断 0)没有请求中断。

③ IT1(IT0):外部中断 1(外部中断 0)的中断触发方式控制位。若将 IT1(IT0)置 0,则外部中断 1(外部中断 0)采用电平触发方式。若将 IT1(IT0)置 1,则外部中断 1(外部中断 0)为边沿触发方式。

④ TI:串行口发送中断请求标志位。当串行口发送完一帧数据后,由硬件将 TI 置 1,向 CPU 请求中断。CPU 响应中断后,必须用软件将 TI 清 0。

⑤ RI:串行口接收中断请求标志位。当串行口接收完一帖数据后,由硬件将 RI 置 1,向 CPU 请求中断。CPU 响应中断后,必须用软件将 RI 清 0。

MCS-51 系列单片机中断的开放与关闭是由中断允许寄存器 IE 的相应位来进行控制的。IE 中各位的名称如表 4.4 所示。

表 4.4　IE 中各位的名称

位	7	6	5	4	1	2	1	0
字节地址:A8H	EA			ES	ET1	EX1	ET0	EX0

IE 中各位的定义如下:

① EA:中断允许总控制位。EA=1 时,开放所有的中断请求,但是否允许各中断源的中断请求,还要取决于各中断源的中断允许控制位的状态。

② ES:串行口中断允许位。

③ ET1(ET0):定时器 T1(T0)中断允许位。

④ EX1(EX0):外部中断 1(外部中断 0)中断允许位。

中断允许位为 0 时关闭相应中断源,为 1 时开放相应中断源。单片机系统复位后,IE 中各中断允许位均被清 0,即关闭所有中断源。如需要开放相应中断源,则应使用软件进行置位。例如开放外部中断 0 和定时器 1,可使用如下指令:

```
EA=1;//开放总允许
EX0=1;//开放外部中断 0 中断
ET1=1;//开放定时器 T1 中断
```

或者

```
IE=0x85;//将相应位置 1,开放相应中断源
```

MCS-51 系列单片机的中断源可设置为两个中断优先级:高优先级和低优先级,从而可实现两级中断嵌套。中断优先级控制寄存器 IP 中各位的名称如表 4.5 所示。

表 4.5　IP 中各位的名称

位	7	6	5	4	1	2	1	0
字节地址:B8H			PT2	PS	PT1	PX1	PT0	PX0

IP 中各位的定义如下:

① PT0(PT1):定时器 T0(定时器 T1) 的中断优先级控制位。

② PX1(PX0):外部中断 1(外部中断 0)的中断优先级控制位。

③ PS:串行口的中断优先级控制位。

中断优先级控制位为 1 时,相应中断为高优先级;为 0 时,相应中断为低优先级。可以通过指令将相应位置 1 或清 0。单片机复位后,IP 中各位全部清 0。

单片机响应中断时,必须满足以下几个条件:

① 有中断源发出中断请求。

② 中断允许总控制位及申请中断的中断源的中断允许位均为 1。

③ 没有同级别或更高级别的中断正在响应。

④ 必须在当前的指令执行完后才能响应中断。若正在执行 RETI 或访问 IE、IP 的指令,则必须再另外执行一条指令后才可以响应中断。

中断响应遵循如下规则:先高后低,停低转高,高不理低,自然顺序。

各中断源按优先级从低到高的顺序排列是:串行口→定时器 T1→外部中断 1→定时器 T0→外部中断 0。

CPU 响应中断时,由硬件自动执行如下操作:

① 保护断点,即把程序计数器 PC 的内容压入堆栈保存。

② 清内部硬件可清除的中断请求标志位(IE0、IE1、TF0、TF1)。

③ 将被响应的中断源的中断服务程序入口地址送入 PC,从而转移到相应的中断服务程序执行。

MCS-51 系列单片机各中断源中断入口地址如表 4.6 所示。

表 4.6 MCS-51 系列单片机各中断源中断入口地址

中断源	入口地址	C 语言中断编号
外部中断 0($\overline{\text{INT0}}$)	0003H	0
定时器/计数器 T0	000BH	1
外部中断 1($\overline{\text{INT1}}$)	0013H	2
定时器/计数器 T1	001BH	3
串行口	0023H	4

在应用中断系统时,应在设计硬件和软件时考虑解决如下问题:

① 明确任务,确定采用哪些中断源及中断触发方式。

② 分配中断优先级。

③ 确定中断服务程序要完成的任务。

④ 程序初始化设置,即开放相关中断源。

2 定时器/计数器

MCS-51 系列单片机内部有两个 16 位定时器/计数器,即定时器 T0 和定时器 T1。它们都具有定时和计数功能,可用于定时或延时控制、对外部事件进行检测或计数等。

定时器/计数器是一个加“1”计数器,每来一个脉冲计数器加 1,当加到计数器为全 1(即

FFFFH)时,再输入一个脉冲就使计数器回零,且计数器的溢出使 TCON 中 TF0 或 TF1 置 1,向 CPU 发出中断请求(定时器/计数器中断允许时)。如果定时器/计数器工作于定时模式,则表示定时时间已到,计数值乘以单片机的机器周期就是定时时间;如果工作于计数模式,则表示计数值已满,计数值为 FFFFH－计数器初值。

TMOD 是定时器/计数器的工作方式寄存器,用于确定工作方式和功能;TCON 是控制寄存器,用于控制 T0、用于 T1 的启动和停止及设置溢出标志。

1) 工作方式寄存器(TMOD)

工作方式寄存器(TMOD)中各位的名称如表 4.7 所示:

表 4.7　TMOD 中各位的名称

D7	D6	D5	D4	D3	D2	D1	D0
GATE	C/$\overline{T}$	Ml	M0	GATE	C/$\overline{T}$	M1	M0
←定时器 T1→				←定时器 T0→			

工作方式寄存器定义介绍如下:

① GATE:门控位。GATE=0 时,只要用软件使 TCON 中的 TR0 或 TR1 为 1,就可以启动定时器/计数器工作,即需要一个启动条件;GATE=1 时,要用软件使 TR0 或 TR1 为 1,且外部中断引脚也为高电平时,才能启动定时器/计数器工作,即需要两个启动条件。

② C/T:定时/计数模式选择位。C/T=0 为定时模式;C/T=1 为计数模式。

③ M1M0:工作方式设置位。M1M0 两个位的值决定了计数器的工作方式,说明如下:

- 00:工作方式 0,13 位定时器/计数器;
- 01:工作方式 1,16 位定时器/计数器;
- 10:工作方式 2,自动重装 8 位定时器/计数器;
- 11:工作方式 3,定时器/计数器 T0 分成两个 8 位定时器/计数器,定时器/计数器 T1 停止定时/计数。

2) 控制寄存器(TCON)

控制寄存器(TCON)中各位的名称如表 4.8 所示。

表 4.8　TCON 中各位的名称

位	7	6	5	4	3	2	1	0
字节地址:88H	TF1	TR1	TF0	TR0				

TCON 的低 4 位用于控制外部中断,在项目 3 中已经介绍;TCON 的高 4 位用于控制定时器/计数器的启动和中断请求。各位的定义如下:

① TF1(TCON.7):T1 溢出中断请求标志位。T1 计数(定时)溢出时由硬件自动置 TF1 为 1。CPU 响应中断后,TF1 由硬件自动清 0。

② TR1(TCON.6):T1 启/停控制位。1 表示启动,0 表示停止。

③ TF0(TCON.5):T0 溢出中断请求标志位,其功能与 TF1 类似。

④ TR0(TCON.4):T0 启/停控制位。1 表示启动,0 表示停止。

3）定时器/计数器的工作方式

（1）工作方式 0

当 TMOD 中的 M1M2 设置成 00 时，定时器/计数器工作于工作方式 0。工作方式 0 是 13 位定时器/计数器，可用来测量外信号的脉冲宽度所持续的时间。

（2）工作方式 1

工作方式 1 为 16 位定时器/计数器，其结构和操作与工作方式 0 基本相同，唯一的区别是工作方式 1 的定时器/计数器由 TL0 的 8 位和 TH0 的 8 位共同组成，其定时时间为：

$$t=(2^{16}-\text{T0 初值})\times\text{时钟周期}\times 12$$

（3）工作方式 2

工作方式 2 为 8 位自动重装方式，工作方式 0 和工作方式 1 若用于循环重复定时/计数时（如产生连续脉冲信号），每次定时/计数满后溢出时，寄存器 TL0 和 TH0 全部为 0，所以第二次定时/计数还得重新装入初值。这样不仅麻烦而且影响精度。工作方式 2 避免了上述缺陷，适合用作较精确的定时脉冲信号发生器。它的定时时间为：

$$t=(2^{8}-\text{T0 初值})\times\text{时钟周期}\times 12$$

（4）工作方式 3

工作方式 3 为特殊工作方式，只适用于 T0，除了使用 8 位寄存器 TL0 外，其功能和操作与工作方式 0 和工作方式 1 完全相同，可作定时器使用，也可作计数器使用。但是，另一个寄存器 TH0 只可以工作在内部定时器模式下。工作方式 3 为 T0 增加了一个 8 位的定时器/计数器。

任务 4.1　水位越限报警装置的设计

任务目标

- ➢ 理解单片机中断系统的概念、结构及原理
- ➢ 学会单片机中断系统的应用方法
- ➢ 完成水位越限报警装置的硬件电路连接
- ➢ 完成水位越限报警装置的软件程序设计

任务内容

- ➢ 连接水位越限报警装置的硬件电路
- ➢ 设计水位越限报警装置的软件程序

任务相关知识

水位越限报警装置在工业生产及日常生活中应用广泛，其工作原理是：根据需要选择合适的液位传感器测量水位信号，将水位信号进行适当处理之后送给单片机等微控制进行分

析计算，当水位超限时及时报警或采取其他措施。常见液位检测传感器选择方案如下：

方案1：利用浮球在上、下限的受力变化，经过放大器放大，控制电机开启或关闭水泵和放水阀。此方案由于采用模拟控制及浮球作液位传感器，系统受环境的影响大，不能实现复杂的控制算法，也不能获得较高的控制精度，而且不能用数码显示和键盘设定。

方案2：采用超声波液位传感器。此方案虽然可以实现非接触测量，但它对被测液体的纯净度、容器的选择要求较高，并且适合远距离测量，最短测量距离为20 cm，在有些场合不适合使用。

方案3：采用电接触式液位控制。因为水是导电液体，可以将一根导线放入水中，另两根导线分别置于容器的高低限水位处。当水位低于下限值时，下限电路截止，单片机对应控制端口收到低电平信号，立即控制水泵进水和发出报警；当水位高于上限值时，上限电路导通，单片机对应控制端口送入低电平，单片机立即控制水阀放水并发出越限警告。

本任务选用方案3的液位检测传感器对水位进行检测，检测出的水位上限和下限信号经过处理后作为单片机外部中断的中断触发信号，一旦水位超限，不管是上限还是下限，都会触发单片机外部中断，从而及时采取报警和其他措施。两路水位检测都采用简单的三极管检测电路检测液位变化，将电平信号分别送入单片机，如图4.1所示为水位检测示意图。A点和B点分别是水位的下限和上限位置，当水位低于A点时，水位下限电极失电；当水位到达或者高于B点时，水位上限电极得电。

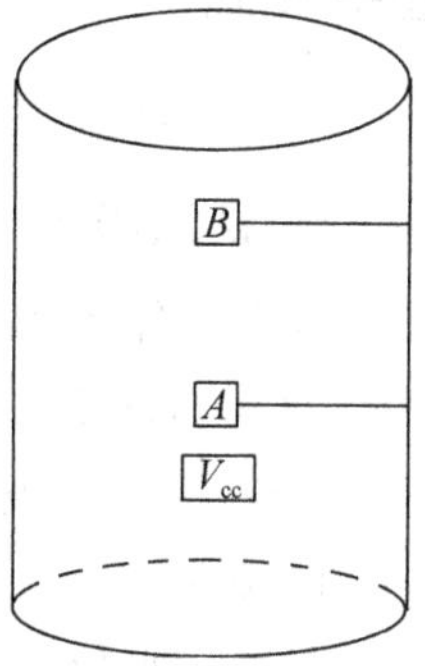

图4.1　水位检测示意图

在图4.1所示的水位检测示意图中，可以采用简单的开关三极管电路检测水位的变化。开关三极管（简称开关管）的外形与普通三极管相同，它工作于截止区和饱和区，可实现电路的切断和导通。由于它具有完成断路和接通的作用，被广泛应用于各种开关电路中，如常用的开关电源电路、驱动电路、高频振荡电路、模数转换电路、脉冲电路及输出电路等。

开关三极管的常用电路图如图4.2所示。负载电阻被直接跨接于三极管的集电极与电源之间，位居三极管主电流的回路上，输入电压V_{in}则控制三极管开关的开启与闭合动作，当三极管呈开启状态时，负载电流便被阻断；反之，当三极管呈闭合状态时，电流便可以流通。

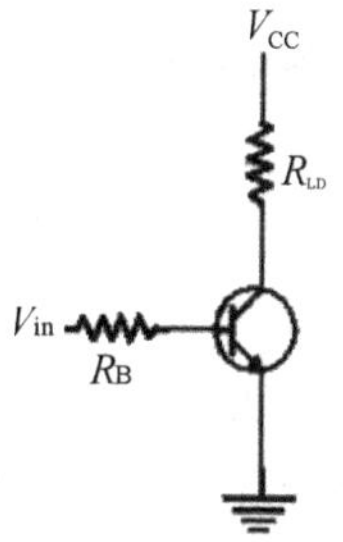

图4.2　开关三极管电路图

当V_{in}为低电压时，由于基极没有电流，因此集电极亦无电流，致使连接于集电极端的负载亦没有电流，相当于开关的开启（闭状态），此时三极管工作于截止区。

当V_{in}为高电压时，由于基极有电流流动，因此使集电极流过更大的放大电流，因此负载回路便被导通，相当于开关的闭合（连接状态），此时三极管工作于饱和区。

开关三极管因功率的不同可分为小功率开关管、中功率开关管和大功率开关管。常用小功率开关管有3AK1～3AK5、3AK11～3AK15、3AK19～3AK20、3AK20～3AK22、3CK1～3CK4、3CK7、3CK8、3DK2～3DK4、3DK7～3DK9。常用的高反压、大功率开关管有：

2JD1556、2SD1887、2SD1455、2SD1553、2SD1497、2SD1433、2SD1431、2SD1403、2SD850 等，它们的最高反压都在 1 500 V 以上。

任务实施中有以下注意事项：

① 三极管选择开关三极，以提高开关转换速度。

② 电路设计时要保证三极管工作在饱和/截止区，不得工作在放大区。

③ 不要使三极管处于深度过饱和，否则也影响截止转换速度；至于截止，不一定需要负电压偏置，输入为零时就截止了，否则影响导通转换速度。

④ 三极管作为开关时需注意它的可靠性。在基极人为接入了一个负电源 V_{EE}，即可实现它的可靠性。

⑤ 三极管的开关速度一般不尽如人意，需要调整信号的输入频率。

任务实施

实现水位的检测报警。

1 认识器件

本实训任务用到的实训器件包括：蜂鸣器（1 个）、反相器芯片 HD74LS04P（1 片）、与门芯片 HD74LS08P（1 片）、单片机最小系统板（1 块）、面包板（1 块）、色环电阻（9 个）、瓷片电容（2 个）、发光二极管（2 个）、按键（2 个）、三极管（3 个）。

1）蜂鸣器

在进行水位报警时，需要用到蜂鸣器发声报警。蜂鸣器是一种一体化结构的电子讯响器，采用直流电压供电，广泛应用于计算机、打印机、复印机、报警器、电子玩具、汽车电子设备、电话机、定时器等电子产品中作发声器件。蜂鸣器主要有压电式蜂鸣器和电磁式蜂鸣器两种类型。蜂鸣器在电路中用字母“H”或“HA”（旧标准用“FM”“ZZG”“LB”“JD”等）表示。

蜂鸣器由振动装置和谐振装置组成，可分为无源他激型与有源自激型。有源蜂鸣器和无源蜂鸣器的根本区别是产品对输入信号的要求不一样：有源蜂鸣器工作的理想信号是直流电源，通常标示为 V_{CC}、V_{DD} 等。因为蜂鸣器内部有一简单的振荡电路，能将恒定的直流电转化成一定频率的脉冲信号，从而实现磁场交变，带动钼片振动发音。但是某些有源蜂鸣器在特定的交流信号下也可以工作，只是对交流信号的电压和频率要求很高，此种工作方式一般不采用。

无源蜂鸣器没有内部驱动电路，其工作的理想信号是方波。如果给予直流信号，无源蜂鸣器是不响应的，因为磁路恒定，钼片不能振动发音。

2）HD74LS04P

HD74LS04P 是带有 6 个非门的芯片，是六输入反相器，也就是有 6 个反相器，它的输出信号与输入信号相位相反。6 个反相器共用电源端和接地端，其他部分都是独立的，图 4.3 是 HD74LS04P 的实物图及内部结构图。

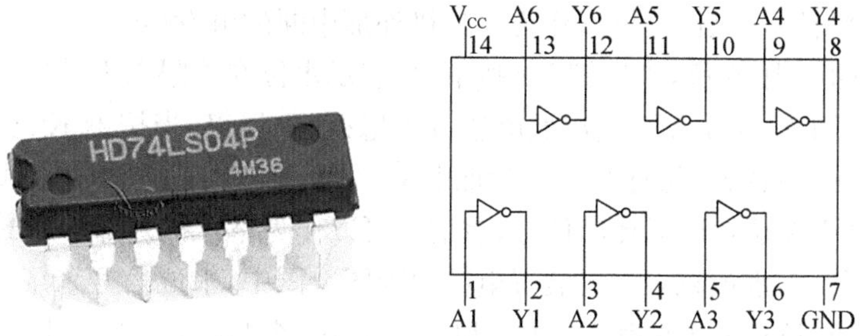

(a) HD74LS04P 的实物图　　(b) HD74LS04P 的内部结构图

图 4.3　HD74LS04P 的实物图及内部结构图

3）HD74LS08P

HD74LS08P 是一种与门芯片，1 片芯片内部含有四个 2 输入与门。四个与门共用电源端和接地端，其他都是独立的。图 4.4 是 HD74LS08P 的实物图和内部结构图。

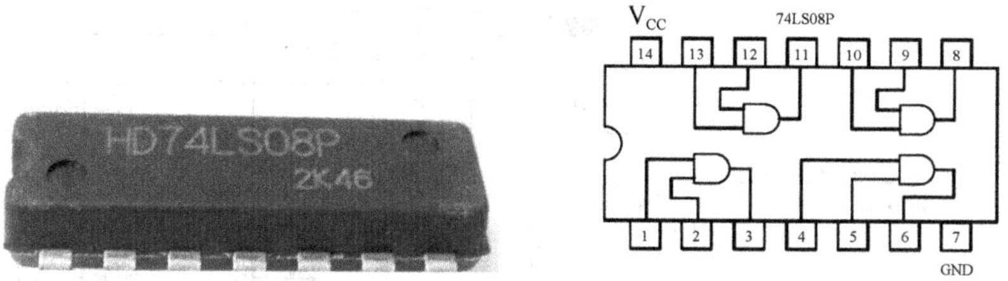

(a) HD74LS08P 的实物图　　(b) HD74LS08P 的内部结构图

图 4.4　HD74LS08P 的实物图及内部结构图

2　连接电路

如图 4.5 和图 4.6 所示为水位检测电路原理图，下面详细介绍其工作原理。

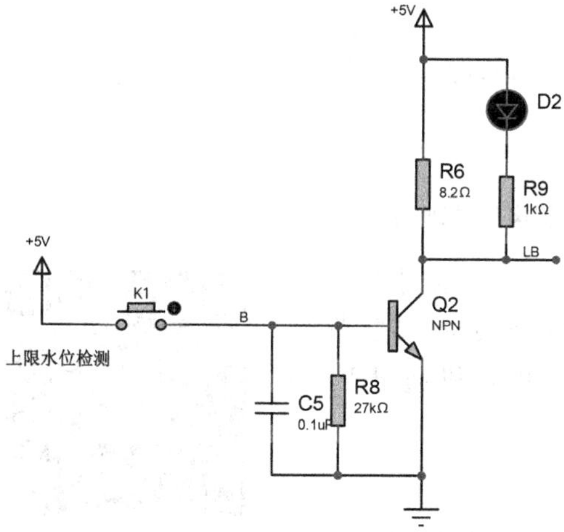

图 4.5　上限水位检测电路原理图

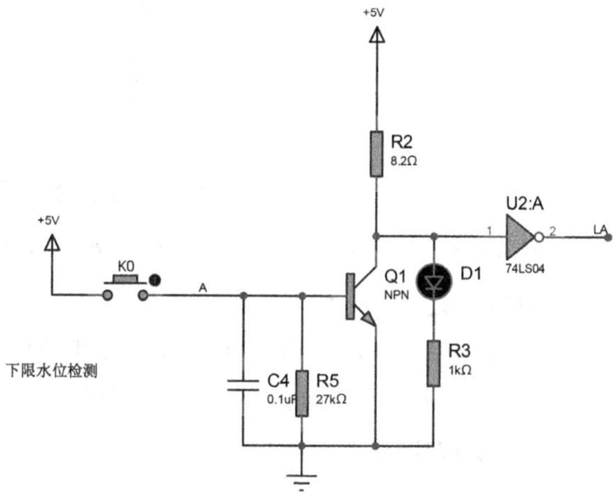

图 4.6　下限水位检测电路原理图

按键 K1 模拟上限水位，当按键 K1 弹起时，表示水位在上限以下的安全状态，B 电极为低电平，三极管 Q2 截止，LB 端输出高电平，D2 熄灭，不报警；当按键 K1 按下时，表示水位到达上限，此时 B 电极为高电平，三极管 Q2 导通，LB 端输出低电平，D2 被点亮，报警，此时

LB 端发出下降沿信号，该信号可以作为单片机外部中断的触发信号。

按键 K0 模拟下限水位，当按键 K0 按下时，表示水位在下限以上的安全状态，A 电极为高电平，三极管 Q1 导通，LA 端输出低电平，D1 熄灭，不报警；当按键 K0 弹起时，表示水位到达下限以下的危险状态，此时 B 电极为低电平，三极管 Q1 截止，LA 端输出高电平，D1 被点亮，报警，此时 LA 端发出下降沿信号，该信号可以作为单片机外部中断的触发信号。

如图 4.7 所示为水位越限报警装置电路原理图。图中，水位信号采用两个按键代替，按键按下得到水位检测信号 LA 和 LB，LA 和 LB 通过一个与门，产生单片机外部中断的触发信号，这样不管是超过上限还是低于下限都会引发中断，从而进行报警。装置采用蜂鸣器报警，电路图中选用的是有源蜂鸣器，只要为它提供直流电源，它就可以发声。图中 LS 与单片机的 P2.0 端口连接，当 LS 端输出高电平时，三极管 Q3 截止，蜂鸣器不得电，不发声；当 LS 端输出低电平时，三极管 Q3 导通，蜂鸣器得电，发声。

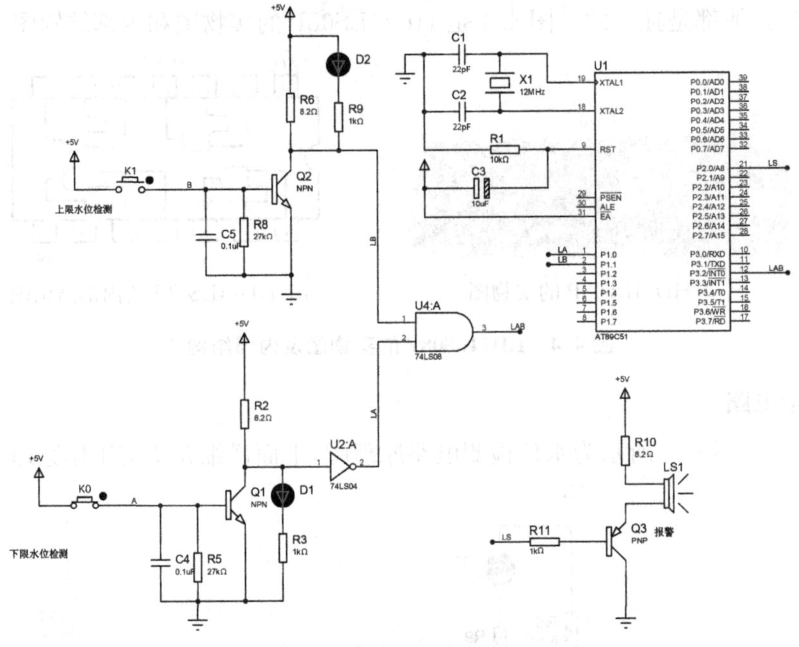

图 4.7 水位越限报警装置电路原理图

根据图 4.7 进行水位越限报警装置的电路连接，上、下限水位检测信号分别通过 P1.0 和 P1.1 与单片机相连，不管哪个限位越限，都会通过外部中断口 P3.2 进入单片机，收到越限信号，单片机通过 P2.0 驱动蜂鸣器报警。扫描右方二维码，查看电路连接。

电路连接

3 编写代码

根据图 4.7 的硬件电路工作原理，设计程序主流程图如图 4.8 所示，图 4.9 为中断函数流程图。

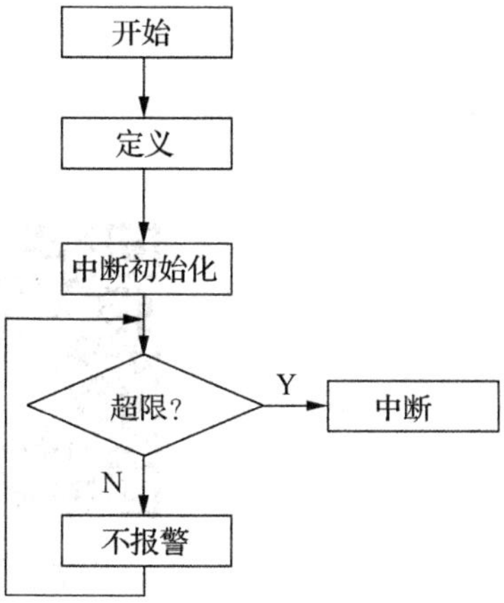

图4.8　主流程图

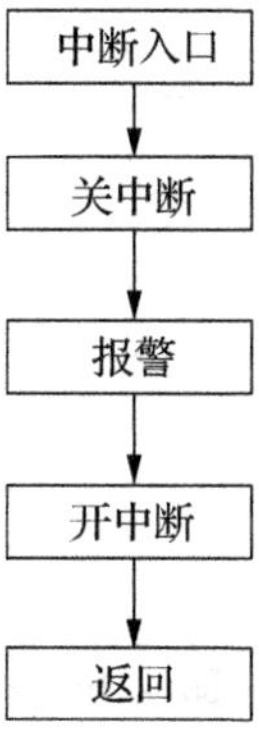

图4.9　中断函数流程图

程序的设计思路是：首先定义蜂鸣器端口、水位上限检测端口、水位下限检测端口；然后进入主函数，判断水位是否介于下限和上限之间，如果是则不报警，如果不是则触发中断。触发中断后进入中断函数，先关闭中断，然后蜂鸣器控制端口置0，启动蜂鸣器，退出中断，返回主函数。只要超限信号不去除，就一直报警。程序编写如下：

```
#include <reg51.h>
sbit LS=P2^0;//定义蜂鸣器端口
sbit LA=P1^0;//定义水位下限检测端口
sbit LB=P1^1;//定义水位上限检测端口
void main()
{
  IT0=1;//定义 INT0 为边沿触发
  EX0=1;//打开 INT0 中断开关
  EA=1;//打开总中断开关
  while(1)
  {
    if((LA==1)&&(LB==1))//如果不超限,则不报警
    {
      LS=1;//关闭蜂鸣器
    }
  }
}
void int0() interrupt 0
{
  EX0=0;//关 INT0
  LS=0;//启动蜂鸣器
  EX0=1;//开 INT0
}
```

打开Keil软件，新建工程并命名为“L_Alarm”，在工程中添加“L_Alarm.c”文件，将程序代码输入该文件中并保存，编译无误后生成.hex文件，如图4.10所示。扫描下页二维码，查看完整代码。

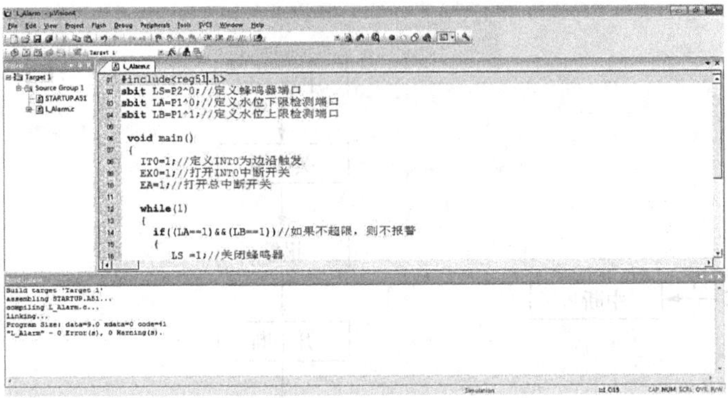

图 4.10　程序编译无误

本节代码

4　下载程序并测试

将程序代码下载到单片机中，按动代表水位的按键，蜂鸣器能正确报警。请扫描右方二维码，查看实验效果。

实验效果

5　任务扩展

1）用电压比较器实现上、下限水位的检测

电压比较器是对输入信号进行鉴别与比较的电路，是组成非正弦波发生电路的基本单元电路。常用的电压比较器有单限比较器、滞回比较器、窗口比较器、三态电压比较器等。电压比较器可以看作放大倍数接近无穷大的运算放大器。

电压比较器具有以下功能：

① 比较两个电压的大小（通过输出电压的高或低电平来表示两个输入电压的大小关系）。当“+”输入端的电压高于“－”输入端时，电压比较器的输出为高电平；当“+”输入端的电压低于“－”输入端时，电压比较器的输出为低电平。

② 可工作在线性工作区和非线性工作区。工作在线性工作区时的特点是虚短、虚断；工作在非线性工作区时的特点是跳变、虚断。

虽然普通运算放大器也可以实现电压比较器的功能，但是实践中，与使用专用比较器相比，使用运算放大器有以下缺点：

① 运算放大器被设计为工作在有负反馈的线性段，因此饱和的运算放大器一般有较慢的翻转速度。大多数运算放大器中都带有一个用于限制高频信号下压摆率的补偿电容。这使得运算放大器一般存在微秒级的传播延迟，与之相比，专用比较器的翻转速度在纳秒量级。

② 运算放大器没有内置迟滞电路，需要专门的外部网络以延迟输入信号。

③ 运算放大器的静态工作点电流只有在负反馈条件下保持稳定，当输入电压不等时将出现直流偏置。

④ 比较器的作用是为数字电路产生输入信号，使用运算放大器时需要考虑其与数字电路接口的兼容性。

⑤ 多节运算放大器的不同频率间可能产生干扰。

⑥ 许多运算放大器的输入端有反向串联的二极管。运算放大器两极的输入一般是相同的,这不会造成问题。但用作比较器时两极需要接入不同的电压,这就可能导致意想不到的二极管击穿。

本例采用比较器 LM393,电路原理图如图 4.11 所示,工作原理如下:

按键 K1 模拟上限水位,当按键 K1 弹起时,表示水位在上限以下的安全状态,B 电极为低电平,比较器的同相端电平高于反相端电平,LB 端输出高电平,不报警;当按下按键 K1 时,表示水位到达上限,此时 B 电极为高电平,比较器的同相端电平低于反相端电平,LB 端输出低电平,报警,此时 LB 端发出下降沿信号,该信号可以作为单片机外部中断的触发信号。

按键 K0 模拟下限水位,当按键 K0 按下时,表示水位在下限以上的安全状态,A 电极为高电平,比较器的同相端电平高于反相端电平,LA 端输出高电平,不报警;当按键 K0 弹起时,表示水位到达下限以下的危险状态,此时 A 电极为低电平,比较器的同相端电平低于反相端电平,LA 端输出低电平,报警,此时 LA 端发出下降沿信号,该信号可以作为单片机外部中断的触发信号。

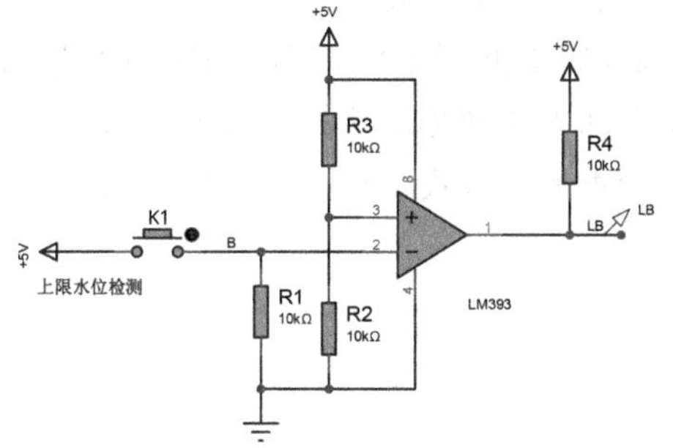

(a) 上限水位检测电路

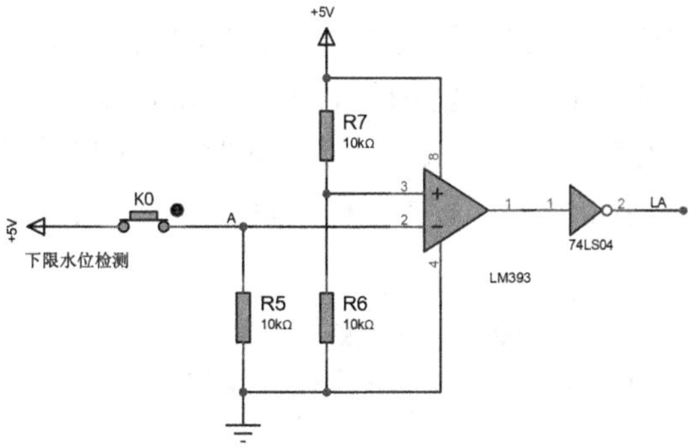

(b) 下限水位检测电路

图 4.11　采用比较器的水位超限检测电路原理图

2) 将水位检测信号作为单片机外部中断 1 的触发信号,实现上、下限水位检测报警功能

要将单片机外部中断 0 换为外部中断 1,只需将水位检测信号端口由 P3.2 换为 P3.3,其他电路连接不变。程序编写如下:

```
#include <reg51.h>
sbit LS=P2^0;//定义蜂鸣器端口
sbit LA=P1^0;//定义水位下限检测端口
sbit LB=P1^1;//定义水位上限检测端口

void main()
{
  IT1=1;//定义 INT1 为边沿触发
  EX1=1;//打开 INT1 中断开关
  EA=1;//打开总中断开关
  while(1)
  {
```

```
        if((LA==1)&&(LB==1))//如果不超限,则不报警
        {
          LS=1;//关闭蜂鸣器
        }
    }
}
void int1() interrupt 2
{
  EX1=0;//关 INT0
  LS=0;//启动蜂鸣器
  EX1=1;//开 INT0
}
```

3）增加直流电机 M，模拟水泵电机，实现进水控制

电路原理图如图 4.12 所示，当水位超限时，除了报警，还要启动或者关闭水泵电机。图中，电机通过继电器进行控制，继电器可以实现小电流控制大电流的功能，同时将电机与主控制器电路隔离，避免干扰。电机控制端口选用 P2.1，当 P2.1 输出高电平时，三极管 Q4 截止，继电器线圈不得电，继电器触点不吸合，电机停转，表示不进水；当 P2.1 输出低电平时，三极管 Q4 导通，继电器线圈得电，继电器触点吸合，电机启动，表示进水。

程序的设计思路是：首先判断水位是否低于下限，如果低于下限，则启动电机并超限报警；当水位介于下限和上限之间时，关闭报警，继续启动电机进水；当水位高于上限时，启动报警，停止电机。程序流程图如图 4.13 所示，程序采用查询的方式编写，具体编写如下：

```
#include <reg51.h>
sbit LS=P2^0;//定义蜂鸣器端口
sbit LM=P2^1;//定义电机控制端口
sbit LA=P1^0;//定义水位下限检测端口
sbit LB=P1^1;//定义水位上限检测端口
void main()
{
  while(1)
  {
    if((LA==1)&&(LB==1))//水位介于上限和下限之间
    {
      LS=1;//关闭蜂鸣器
      LM=0;//电机启动
    }
    if((LA==1)&&(LB==0))//水位高于上限
    {
      LS=0;//开启蜂鸣器
      LM=1;//电机停转
    }
    if((LA==0)&&(LB==1))//水位低于下限
    {
      LS=0;//开启蜂鸣器
      LM=0;//电机启动
    }
```

```
    }
}
```

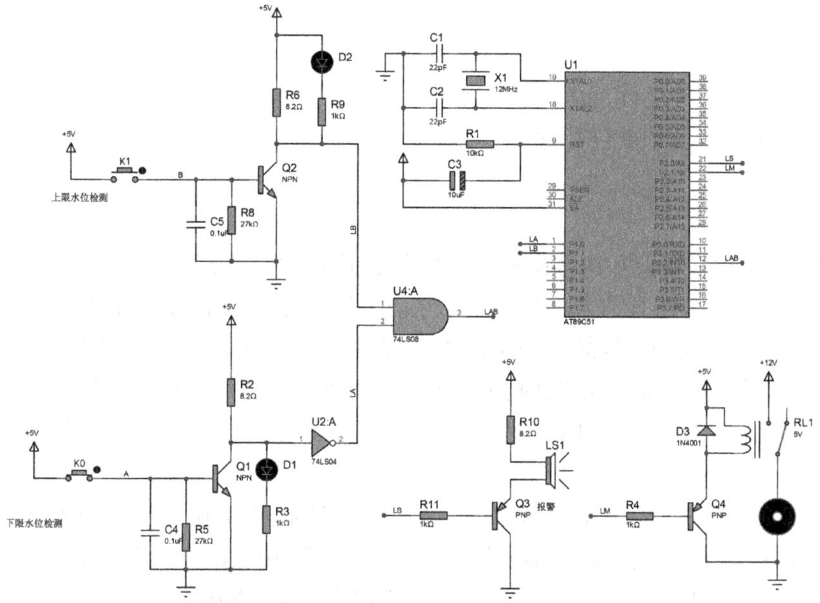

图 4.12　水位检测报警控制电路原理图

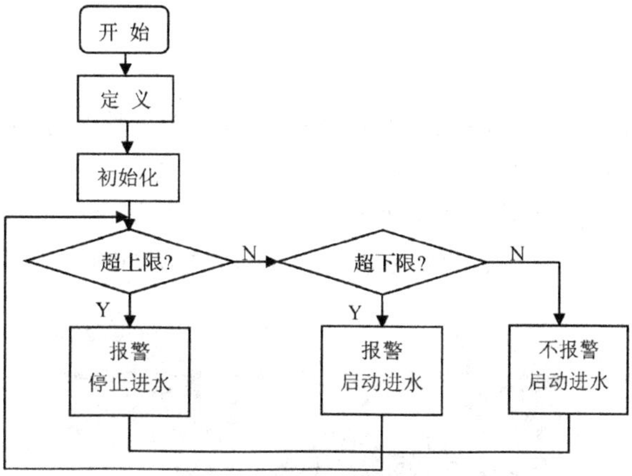

图 4.13　程序流程图

任务 4.2　简易数字钟的设计

任务目标

- 熟悉单片机定时器/计数器工作原理
- 掌握单片机定时器/计数器的应用方法

➢ 完成简易数字钟的硬件电路连接
➢ 完成简易数字钟的软件程序设计

任务内容

➢ 连接简易数字钟的硬件电路
➢ 设计简易数字钟的软件程序

任务相关知识

时钟电路在计算机系统中起着非常重要的作用，是保证系统正常工作的基础。在一个单片机应用系统中，时钟有两方面的含义：一是指保障系统正常工作的基准振荡定时信号，主要由晶振和外围电路组成，晶振频率的大小决定了单片机系统工作的快慢；二是指系统的标准定时时钟，即定时时间。定时时钟通常有两种实现方法：一是用软件实现，即用单片机内可编程定时器/计数器来实现；二是用专门的时钟芯片实现，典型的时钟芯片有 DS1302、DS12887、X1203。

本任务主要介绍用单片机内部的定时器/计数器来实现电子时钟的方法，采用单片机 AT89C51 芯片作为主控制器，辅以显示器等必要的电路，构成了一个简易数字钟。数字钟可以显示时、分、秒，采用 24 小时计时方式，除了具有显示时间的基本功能，还可以实现对时间的调整。

任务实施

1　认识器件

本实训任务用到的实训器件包括：1602 液晶显示屏（1 块）、单片机最小系统板（1 块）、面包板（1 块）、色环电阻（2 个）、可变电阻器（1 个）、按键（2 个）。

本任务中用 1602 液晶屏显示数字钟时间信号。1602 是字符型液晶显示模块，该模块是一种专门用于显示字母、数字、符号的点阵式 LCD，其实物如图 4.14 所示。

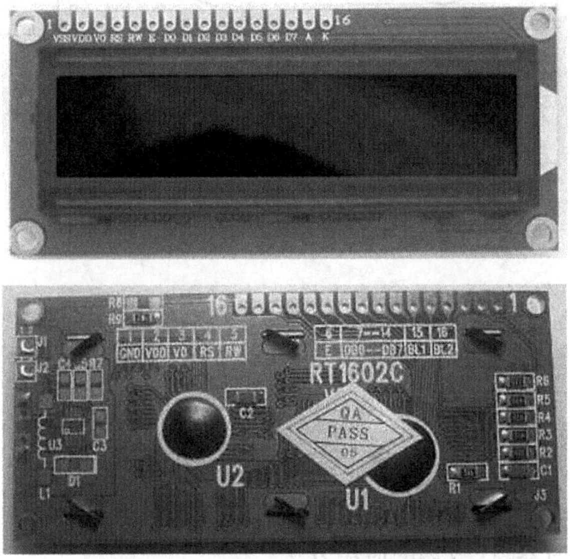

图 4.14　1602 液晶显示屏实物图

(1) 1602 的主要技术参数

① 显示容量:16×2 个字符

② 芯片工作电压:4.5～5.5 V

③ 工作电流:2.0 mA(5.0 V)

④ 模块最佳工作电压:5.0 V

⑤ 字符尺寸:2.95 mm×4.35 mm($W\times H$)

(2) 1602 的引脚功能

1602 各个引脚功能如表 4.9 所示。

① V_{SS}接地。

② V_{DD}接 5 V 正电源。

③ VL 为液晶显示屏对比度调整端,接正电源时对比度最低,接地时对比度最高。对比度过高时会产生"鬼影",使用时可以通过一个 10 K 的电位器调整对比度。

④ RS 为数据/命令选择端,高电平时选择数据寄存器,低电平时选择指令寄存器。

⑤ R/W 为读/写选择端,高电平时进行读操作,低电平时进行写操作。当 RS 和 R/W 端共同为低电平时,可以写入指令或者显示地址;当 RS 端为低电平,R/W 为端高电平时,可以读忙信号;当 RS 端为高电平,R/W 端为低电平时,可以写入数据。

⑥ E 为使能端,当 E 端由高电平跳变成低电平时,液晶显示模块执行命令。

⑦ D0～D7 端接 8 位双向数据线。

⑧ BLA 为背光源正极。

⑨ BLK 为背光源负极。

表 4.9　1602 引脚功能表

引脚编号	符号	引脚说明
1	V_{SS}	电源地
2	V_{DD}	电源正极
3	VL	液晶显示对比度调整端
4	RS	数据/命令选择端(H/L)
5	R/W	读/写选择端(H/L)
6	E	使能端
7～14	D0～D7	数据端口
15	BLA	背光源正极
16	BLK	背光源负极

(3) 1602 的指令

1602 液晶显示模块内部的控制器共有 11 条控制指令,如表 4.10 所示,1602 液晶显示模块的读写操作以及屏幕和光标的操作都是通过指令编程来实现的。

① 清显示:指令码 01H,使光标复位到地址 00H。

② 光标返回：使光标返回到地址 00H。

③ 置输入模式：设置光标和显示模式。I/D 设置光标移动方向，高电平右移，低电平左移；S 设置屏幕上所有文字是否左移或者右移，高电平表示有效，低电平表示无效。

④ 显示开/关控制：D 控制整体显示的开与关，高电平表示开显示，低电平表示关显示；C 控制光标的开与关，高电平表示有光标，低电平表示无光标；B 控制光标是否闪烁，高电平表示闪烁，低电平表示不闪烁。

⑤ 光标或字符移位：S/C 表示高电平时移动显示的文字，低电平时移动光标；R/L 表示高电平时向左移动，低电平时向右移动。

⑥ 置功能：功能设置指令。DL 表示高电平时为 4 位总线，低电平时为 8 位总线；N 表示低电平时为单行显示，高电平时双行显示；F 表示低电平时显示 5×7 的点阵字符，高电平时显示 5×10 的点阵字符。

⑦ 置字符发生存储器地址：设置字符发生器 RAM 地址。

⑧ 置数据存储器地址：设置 DDRAM 地址。

⑨ 读忙标志或地址：BF 为忙标志位，高电平表示忙，此时模块不能接收命令或者数据；低电平表示不忙。

⑩ 写数据到 CGRAM 或 DDRAM：写数据。

⑪ 从 CGRAM 或 DDRAM 读数据：读数据。

表 4.10 1602 指令表

序号	指令	RS	R/W	D7	D6	D5	D4	D3	D2	D1	D0
1	清显示	0	0	0	0	0	0	0	0	0	1
2	光标返回	0	0	0	0	0	0	0	0	1	*
3	置输入模式	0	0	0	0	0	0	0	1	I/D	S
4	显示开/关控制	0	0	0	0	0	0	1	D	C	B
5	光标或字符移位	0	0	0	0	0	1	S/C	R/L	*	*
6	置功能	0	0	0	0	1	DL	N	F	*	*
7	置字符发生存储器地址	0	0	0	1	字符发生存储器地址					
8	置数据存储器地址	0	0	1	显示数据存储器地址						
9	读忙标志或地址	0	1	BF	计数器地址						
10	写数据到 CGRAM 或 DDRAM	1	0	要写的数据内容							
11	从 CGRAM 或 DDRAM 读数据	1	1	读出的数据内容							

(4) 1602 控制器(HD44780 及兼容芯片)读写时序

1602 控制器接口的读写时序如图 4.15 和图 4.16 所示，时序参数如表 4.11 所示。

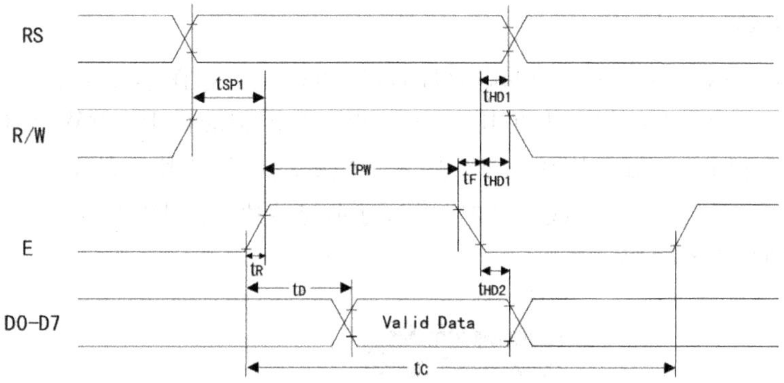

图 4.15　1602 控制器接口的读时序图

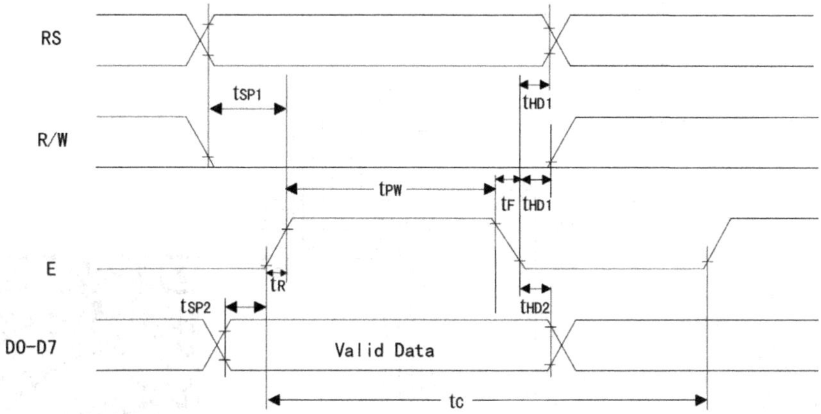

图 4.16　1602 控制器的写时序图

表 4.11　1602 控制器的时序参数表

时序参数	符号	极限值			单位	测试条件
		最小值	典型值	最大值		
E 信号周期	t_C	400	—	—	ns	引脚 E
E 脉冲宽度	t_{PW}	150	—	—	ns	
E 上升沿/下降沿时间	t_R，t_F	—	—	25	ns	
地址建立时间	t_{SP1}	30	—	—	ns	引脚 E、RS、R/W
地址保持时间	t_{HD1}	10	—	—	ns	
数据建立时间(读操作)	t_D	—	—	100	ns	引脚 D0～D7
数据保持时间(读操作)	t_{HD2}	20	—	—	ns	
数据建立时间(写操作)	t_{SP2}	40	—	—	ns	
数据保持时间(写操作)	t_{HD2}	10	—	—	ns	

2　连接电路

如图 4.17 所示是简易数字钟的电路原理图,可以看出它在单片机最小系统电路上增加了 1602 液晶显示模块和按键控制模块。1602 的三个控制端口 RS、RW 和 E 分别与单片机的 P2.0,、P2.1 和 P2.2 端口连接,1602 的 8 个数据端口与单片机的 P0 口连接,P0 口增加上拉电阻。两个按键用来调整数字钟的时间,分别与单片机的 P1.0 和 P1.1 两个端口连接。扫描下方二维码,查看电路连接。

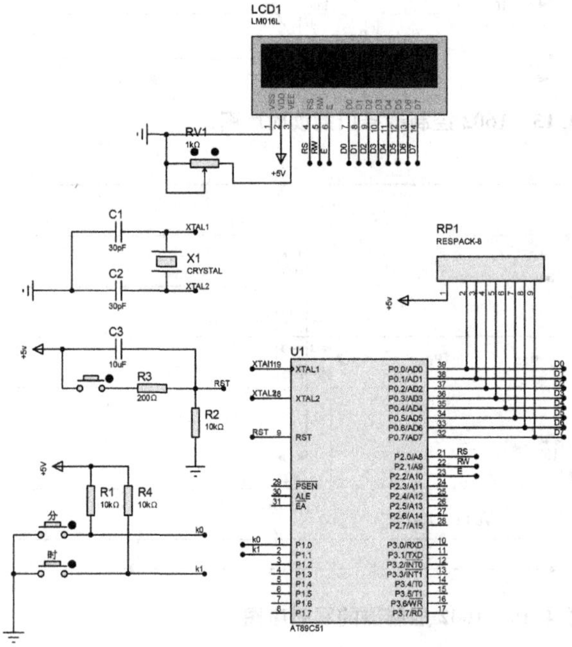

图 4.17　简易数字钟电路原理图　　　　电路连接

3　编写代码

根据图 4.17 的硬件电路工作原理,程序主要包括主程序、定时器中断子程序、液晶显示子程序,各部分的流程图如图 4.18 至图 4.20 所示。

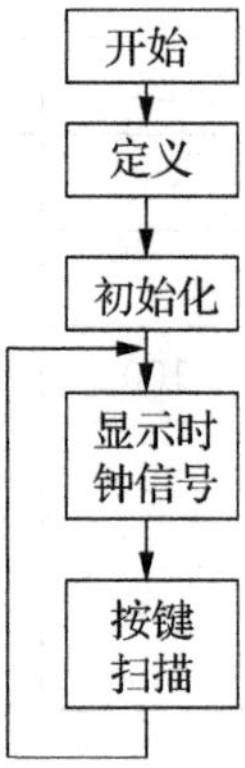

图 4.18　主程序流程图

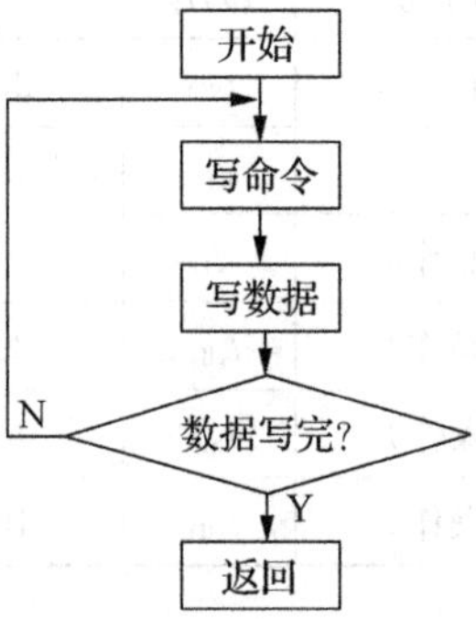

图 4.19　液晶显示子程序

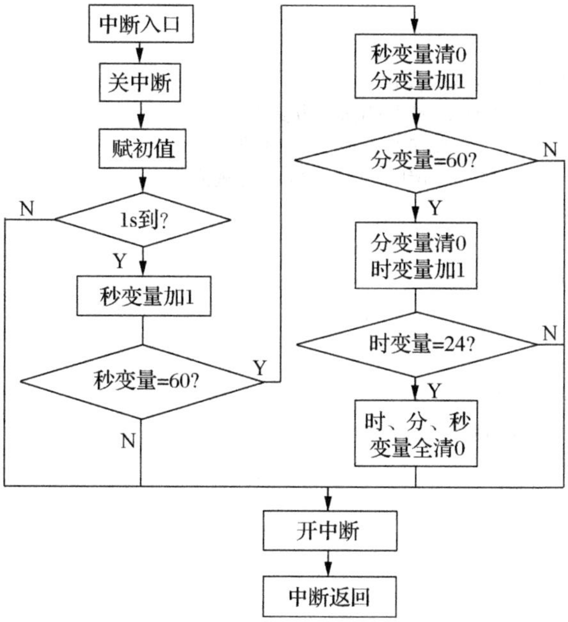

图 4.20　定时器中断子程序流程图

程序的设计思路是：首先完成定义，包括按键端口定义、液晶显示模块控制端口定义、显示数组定义以及时、分、秒变量定义；然后进入主函数，主函数中先进行定时器初始化和液晶显示模块初始化；接着进入主循环，在主循环里循环调用按键扫描函数和显示函数。按键扫描函数完成时间变量的调整，显示函数显示时间信号，时间信号主要由定时器中断产生。程序编写如下：

```
#include <reg51.h>
#define uchar unsigned char
#define uint unsigned int
uchar buffer[]="00-00-00";//显示数组
uchar msg[]="time:";//显示数组
uint num;//要显示的数据
uchar k;//计数
uchar second,minite,hour;//时间变量

sbit K0=P1^0;//按键端口定义
sbit K1=P1^1;
sbit E=P2^2;//液晶显示模块使能端
sbit RW=P2^1;//读/写选择端
sbit RS=P2^0;//数据/命令选择端

void delay(uint i);//定义延时函数
void display();//定义显示函数
void handle();//定义数据处理函数
void keyscan();//定义按键扫描函数
void SendCommandByte(unsigned char ch);//定义发送命令函数
void SendDataByte(unsigned char ch);//定义发送数据函数
void InitLcd();//定义液晶显示模块初始化函数
```

```
void main()
{
  InitLcd();//初始化液晶显示模块
  TMOD=0x01;//设置 T0 工作方式为:定时,方式 1
  TH0=(65536-50000)/256;//定时 50 ms,高 8 位赋值
  TL0=(65536-50000)% 256;//定时 50 ms,低 8 位赋值
  EA=1;//开总中断
  ET0=1;//开 T0 中断
  TR0=1;//开定时器
  while(1)
  {
    keyscan();
    handle();//处理数据
    display();//显示数据
  }
}
//延时函数
void delay(uint i)
{
  uint x,y;
  for(x=i;x>0;x--)
    for(y=1;y>0;y--);
}
void keyscan()
{
  if(K0==0)
  {
    while(!K0)
    {
      display();
    }
      minite++;
      if(minite==60)
      {
        minite=0;
      }
  }
  if(K1==0)
  {
    while(!K1)
    {
      display();
    }
      hour++;
      if(hour==24)
      {
        hour=0;
      }
    }
```

```
}
//发送命令函数
void SendCommandByte(unsigned char ch)
{
  RS=0;
  RW=0;
  P0=ch;
  E=1;
  delay(1);
  E=0;
  delay(100);
}
//发送数据函数
void SendDataByte(unsigned char ch)
{
  RS=1;
  RW=0;
  P0=ch;
  E=1;
  delay(1);
  E=0;
  delay(100);
}
//液晶显示模块初始化函数
void InitLcd()
{
  SendCommandByte(0x38);//设置工作方式
  SendCommandByte(0x0c);//设置显示状态
  SendCommandByte(0x01);//清屏
  SendCommandByte(0x06);//设置输入方式
}
void time0() interrupt 1//定时器 T0 中断函数
{
  ET0=0;//关 T0
  TH0=(65536-50000)/256;//重新赋值
  TL0=(65536-50000)%256;
  k++;
  if(k==20)
  {
    k=0;
    second++;
    if(second==60)
    {
      second=0;
      minite++;
      if(minite==60)
      {
        minite=0;
        hour++;
```

```
        if(hour==24)
        {
          hour=0;
          minite=0;
          second=0;
        }
      }
    }
  }
  ET0=1;//开 T0
}
//数据处理函数
void handle()
{
  buffer[7]=second%10+'0';//取秒个位
  buffer[6]=second/10+'0';//取秒十位
  buffer[4]=minite%10+'0';//取分个位
  buffer[3]=minite/10+'0';//取分十位
  buffer[1]=hour%10+'0';//取时个位
  buffer[0]=hour/10+'0';//取时十位
}
//显示函数
void display()
{
  unsigned char i;
  SendCommandByte(0x86);//设置显示位置
  for(i=0;i<9;i++)
  {
    SendDataByte(msg[i]);//显示数据
  }
  SendCommandByte(0xC5);//设置显示位置
  for(i=0;i<8;i++)
  {
    SendDataByte(buffer[i]);//显示数据
  }
}
```

打开 Keil 软件，新建工程并命名为“Clock”，在工程中添加“Clock. c”文件，将程序代码输入该文件中并保存，编译无误后生成. hex 文件，如图 4. 21 所示。扫描下方二维码，查看完整代码。

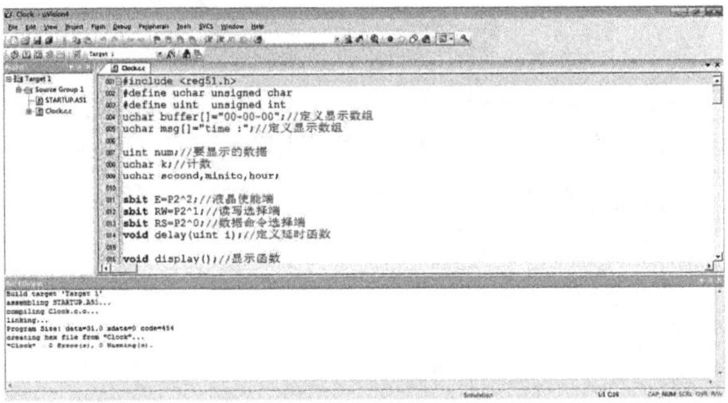

图 4. 21　程序编译无误

本节代码

4　下载程序并测试

将程序代码下载到单片机中，液晶正常显示时钟信息，按动按键可以调整时钟时间。请扫描右方二维码，查看实验效果。

实验效果

5　任务扩展

1）将定时器 T0 换为定时器 T1，实现时间信号的产生

将 T0 换为 T1，程序流程不改变，主要修改定时器的初始化、定时器初值、定时器中断函数名及其入口地址。定时器程序编写如下：

```
void time1() interrupt 3//定时器 T1 中断函数
{
  TR1=0;//关 T1
  TH1=(65536-50000)/256;//重新赋值
  TL1=(65536-50000)%256;
  k++;
  if(k==20)//1 s 到?
  {
    k=0;//计数变量清 0
    second++;//秒变量加 1
    if(second==60)//60 秒到?
    {
      second=0;//秒变量清 0
      minite++;//分变量加 1
      if(minite==60)//60 分到?
      {
        minite=0;//分变量清 0
        hour++;//时变量加 1
        if(hour==24)//24 时到?
        {
          hour=0;//时变量清 0
          minite=0;//分变量清 0
          second=0;//秒变量清 0
        }
      }
    }
  }
  TR1=1;//开 T1
}
```

2）将定时器 T0 的定时时间修改为 20 ms，实现时间信号的产生

要将定时器 T0 的定时时间修改为 20 ms，主要修改定时器初值和定时中断循环次数，具体程序修改如下：

```
void time0() interrupt 1//定时器 T0 中断函数
{
  TR0=0;//关 T0
  TH0=(65536-20000)/256;//重新赋值
```

```
  TL0=(65536-20000)%256;
  k++;
  if(k==50)//1 s 到?
  {
    k=0;//计数变量清 0
    second++;//秒变量加 1
    if(second==60)//60 秒到?
    {
      second=0;//秒变量清 0
      minite++;//分变量加 1
      if(minite==60)//60 分到?
      {
        minite=0;//分变量清 0
        hour++;//时变量加 1
        if(hour==24)//24 时到?
        {
          hour=0;//时变量清 0
          minite=0;//分变量清 0
          second=0;//秒变量清 0
        }
      }
    }
  }
  TR0=1;//开 T0
}
```

3) 将液晶显示屏改为 LED 数码管,实现数字钟时间的显示和调整功能

如图 4.22 所示为将液晶显示屏改为 LED 数码管显示的简易数字时钟电路原理图,采用了八位一体共阳极数码管。

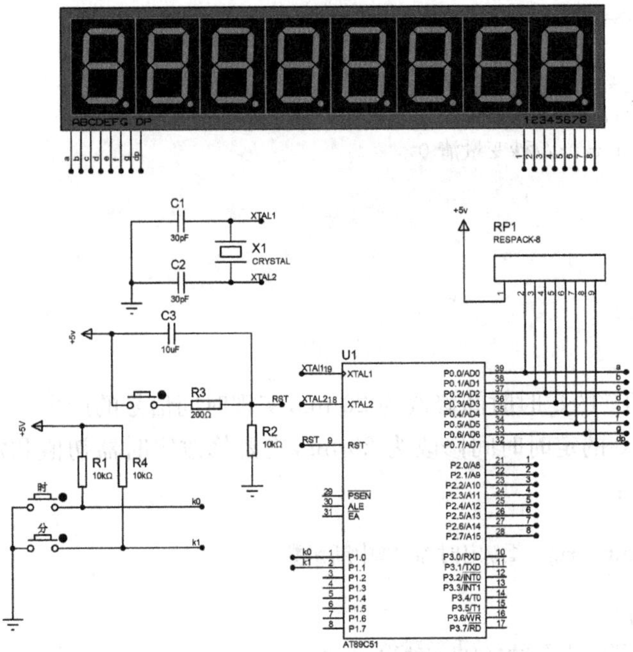

图 4.22　时间信号可调整 LED 显示电路原理图

程序编写如下：

```
#include <reg51.h>
#define uchar unsigned char
#define uint unsigned int
uchar buffer[]={0,0,0,0,0,0};
uchar seg[]={0x3f,0x06,0x5b,0x4f,0x66,0x6d,0x7d,0x07,0x7f,0x6f};//共阴极段码
uchar wei[]={0x7f,0xbf,0xef,0xf7,0xfd,0xfe};//数码管位码
uint num;//要显示的数据
uchar k;//计数
uchar second,minite,hour;//时间变量
sbit K0=P1^0;//按键端口定义
sbit K1=P1^1;
void delay(uint i);//定义延时函数
void display();//定义显示函数
void keyscan();//定义按键扫描函数
void handle();//定义数据处理函数
void main()
{
  TMOD=0x01;//设置 T0 工作方式为:定时,方式 1
  TH0=(65536-50000)/256;//定时 50 ms,高 8 位赋值
  TL0=(65536-50000)%256;//定时 50 ms,低 8 位赋值
  EA=1;//开总中断
  ET0=1;//开 T0 中断
  TR0=1;//开定时器
  while(1)
  {
    keyscan();
    handle();//处理数据
    display();//显示数据
  }
}
//延时函数
void delay(uint i)
{
  uint x,y;
  for(x=i;x>0;x--)
    for(y=100;y>0;y--);
}
void keyscan()
{
  if(K0==0)
  {
    while(!K0)//等待按键抬起
    {
      display();
    }
    hour++;
    if(hour==24)
    {
```

```
        hour=0;
      }
    }
    if(K1==0)
    {
      while(!K1)
      {
          display();
      }
      minite++;
      if(minite==60)
      {
        minite=0;
      }
    }
}
void time0() interrupt 1
//定时器 T0 中断函数
{
  TR0=0;//关 T0
  TH0=(65536-50000)/256;//重新赋值
  TL0=(65536-50000)%256;
  k++;
  if(k==20)
  {
    k=0;
    second++;
    if(second==60)
    {
      second=0;
      minite++;
      if(minite==60)
      {
        minite=0;
        hour++;
        if(hour==24)
        {
          hour=0;
          minite=0;
          second=0;
        }
      }
    }
  }
  TR0=1;//开 T0
}
//数据处理函数
void handle()
{
  buffer[0]=second%10;
```

```
//取秒个位
  buffer[1]=second/10;
//取秒十位
  buffer[2]=minite%10;
//取分个位
  buffer[3]=minite/10;
//取分十位
  buffer[4]=hour%10;
//取小时个位
  buffer[5]=hour/10;
//取小时十位
}
//显示函数
void display()
{
  uchar i;
  for(i=0;i<6;i++)
  {
    P2=wei[i];
    P0=seg[buffer[i]];
    delay(1);
  }
  //横杠显示
    P2=0xfb;//送位码
    P0=0x40;//送段码
    delay(5);//延时
    P2=0xdf;//送位码
    P0=0x40;//送段码
    delay(5);//延时
}
```

4）采用 LED 数码管显示，调整按键改为两个，一个负责时、分的选择，一个负责时间变量的调整。

电路原理图如图 4.23 所示，程序运行后，时钟开始计时，选择键选择要调整的数据(时变量或分变量)，调整键进行时、分变量的加 1 调整。程序编写如下：

```
#include <reg51.h>
#define uchar unsigned char
#define uint unsigned int
uchar buffer[]={0,0,0,0,0,0};
uchar seg[]={0x3f,0x06,0x5b,0x4f,0x66,0x6d,0x7d,0x07,0x7f,0x6f};//共阴极段码
uchar wei[]={0x80,0x40,0x10,0x08,0x02,0x01};
uint num;//要显示的数据
uchar k;//计数
uchar second,minite,hour;
uchar flag;//按键变量
sbit K0=P1^0;//按键端口定义
sbit K1=P1^1;//按键端口定义
void delay(uint i);//定义延时函数
```

```
void display();//定义显示函数
void keyscan();//定义按键扫描函数
void handle();//定义数据处理函数
void main()
{
  TMOD=0x01;//设置 T0 工作方式为:定时,方式 1
  TH0=(65536-50000)/256;//定时 50 ms,高 8 位赋值
  TL0=(65536-50000)%256;//定时 50 ms,低 8 位赋值
  EA=1;//开总中断
  ET0=1;//开 T0 中断
  TR0=1;//开定时器
  while(1)
  {
    keyscan();
    handle();//处理数据
    display();//显示数据
  }
}
//延时函数
void delay(uint i)
{
  uint x,y;
  for(x=i;x>0;x--)
    for(y=100;y>0;y--);
}
void keyscan()
{
  if(K0==0)
  {
    while(!K0)//等待按键抬起
    {
      display();
    }
    flag++;
    if(flag==2)
    {
      flag=0;
    }
  }
  if(K1==0)
  {
    while(!K1)
    {
      display();
    }
    if(flag==0)
    {
      minite++;
      if(minite==60)
      {
```

```
          minite=0;
        }
      }
      if(flag==1)
      {
        hour++;
        if(hour==24)
        {
          hour=0;
        }
      }
    }
}
void time0() interrupt 1
//定时器 T0 中断函数
{
  TR0=0;//关 T0
  TH0=(65536-50000)/256;//重新赋值
  TL0=(65536-50000)%256;
  k++;
  if(k==20)
  {
    k=0;
    second++;
    if(second==60)
    {
      second=0;
      minite++;
      if(minite==60)
      {
        minite=0;
        hour++;
        if(hour==24)
        {
          hour=0;
          minite=0;
          second=0;
        }
      }
    }
  }
  TR0=1;//开 T0
}
//数据处理函数
void handle()
{
  buffer[0]=second%10;//取秒个位
  buffer[1]=second/10;//取秒十位
  buffer[2]=minite%10;//取分个位
  buffer[3]=minite/10;//取分十位
```

```
    buffer[4]=hour%10;//取时个位
    buffer[5]=hour/10;//取时十位
  }
  //显示函数
  void display()
  {
    uchar i;
    for(i=0;i<6;i++)
    {
      P2=~wei[i];
      P0=seg[buffer[i]];
      delay(1);
    }
    //横杠显示
    P2=0xdf;
    P0=0x40;
    delay(1);
    P2=0xfb;
    P0=0x40;
    delay(1);
  }
```

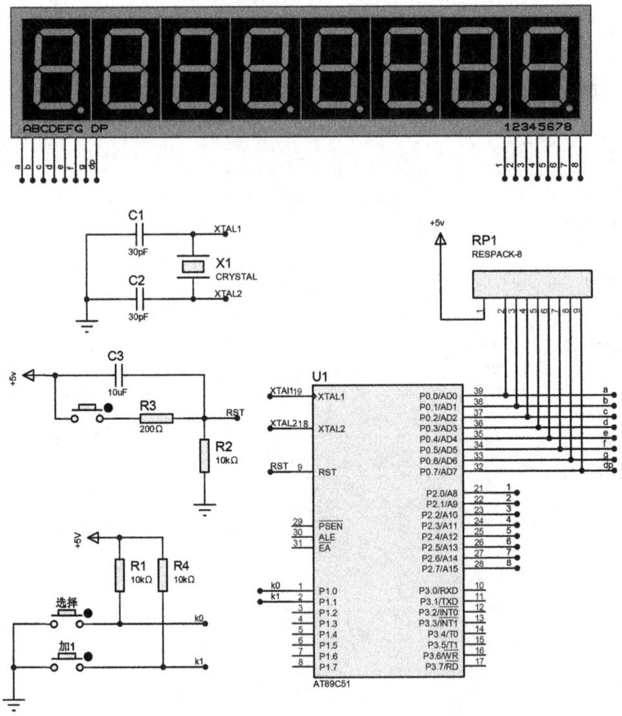

图 4.23 两按键调整时间信号 LED 显示电路原理图

5）采用液晶显示屏显示，调整按键改为两个，一个负责时、分的选择，一个负责时间变量的调整

电路原理图如图 4.24 所示，程序运行后，时钟开始计时，选择键选择要调整的数据（时

变量或分变量)，调整键进行时、分变量的加 1 调整。程序编写如下：

```
#include <reg51.h>
#define uchar unsigned char
#define uint unsigned int
uchar buffer[]="00-00-00";//显示数组
uchar msg[]="time:";//显示数组
uint num;//要显示的数据
uchar k;//计数
uchar second,minite,hour;//时间变量
uchar flag;
sbit K0=P1^0;//按键端口定义
sbit K1=P1^1;
sbit E=P2^2;//液晶显示模块使能端
sbit RW=P2^1;//读/写选择端
sbit RS=P2^0;//数据/命令选择端
void delay(uint i);//定义延时函数
void display();//定义显示函数
void handle();//定义数据处理函数
void keyscan();//定义按键扫描函数
void SendCommandByte(unsigned char ch);//定义发送命令函数
void SendDataByte(unsigned char ch);//定义发送数据函数
void InitLcd();//定义液晶显示模块初始化函数
void main()
{
  InitLcd();//初始化液晶显示模块
  TMOD=0x01;//设置 T0 工作方式为:定时,方式 1
  TH0=(65536-50000)/256;//定时 50 ms,高 8 位赋值
  TL0=(65536-50000)%256;//定时 50 ms,低 8 位赋值
  EA=1;//开总中断
  ET0=1;//开 T0 中断
  TR0=1;//开定时器
  while(1)
  {
    keyscan();
    handle();//处理数据
    display();//显示数据
  }
}
//延时函数
void delay(uint i)
{
  uint x,y;
  for(x=i;x>0;x--)
    for(y=1;y>0;y--);
}
void keyscan()
{
  if(K0==0)
  {
```

```
    while(!K0)
    {
      display();
    }
    flag++;
    if(flag==2)
    {
      flag=0;
    }
  }
  if(K1==0)
  {
    while(!K1)
    {
      display();
    }
    if(flag==0)
    {
      minite++;
      if(minite==60)
      {
        minite=0;
      }
    }
    if(flag==1)
    {
      hour++;
      if(hour==24)
      {
        hour=0;
      }
    }
  }
}
//发送命令函数
void SendCommandByte(unsigned char ch)
{
  RS=0;
  RW=0;
  P0=ch;
  E=1;
  delay(1);
  E=0;
  delay(100);
}
//发送数据函数
void SendDataByte(unsigned char ch)
{
  RS=1;
  RW=0;
```

```
  P0=ch;
  E=1;
  delay(1);
  E=0;
  delay(100);
}
//液晶显示模块初始化函数
void InitLcd()
{
  SendCommandByte(0x38);//设置工作方式
  SendCommandByte(0x0c);//设置显示状态
  SendCommandByte(0x01);//清屏
  SendCommandByte(0x06);//设置输入方式
}
void time0() interrupt 1//定时器 T0 中断函数
{
  ET0=0;//关 T0
  TH0=(65536-50000)/256;//重新赋值
  TL0=(65536-50000)%256;
  k++;
  if(k==20)
  {
    k=0;
    second++;
    if(second==60)
    {
      second=0;
      minite++;
      if(minite==60)
      {
        minite=0;
        hour++;
        if(hour==24)
        {
          hour=0;
          minite=0;
          second=0;
        }
      }
    }
  }
  ET0=1;//开 T0
}
//数据处理函数
void handle()
{
  buffer[7]=second%10+'0';
//取秒个位
  buffer[6]=second/10+'0';
//取秒十位
```

```
  buffer[4]=minite%10+'0';
//取分个位
  buffer[3]=minite/10+'0';
//取分十位
  buffer[1]=hour%10+'0';
//取时个位
  buffer[0]=hour/10+'0';
//取时十位
}
//显示函数
void display()
{
  unsigned char i;
  SendCommandByte(0x86);//设置显示位置
  for(i=0;i<9;i++)
  {
    SendDataByte(msg[i]);//显示数据
  }
  SendCommandByte(0xC5);//设置显示位置
  for(i=0;i<8;i++)
  {
    SendDataByte(buffer[i]);//显示数据
  }
}
```

6）结合 DS1302 与 12864 LCD 设计可调式中文电子日历

电路原理图如图 4.25 所示，程序运行后，显示当地日期、星期和时间，选择键选择要调整的数据，调整键进行数据的加和减，确定键结束调整。

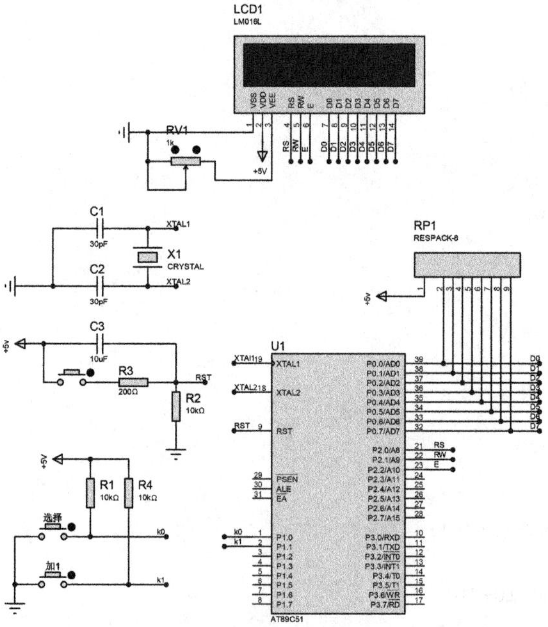

图 4.24　两按键调整时间信号 LCD 显示电路原理图

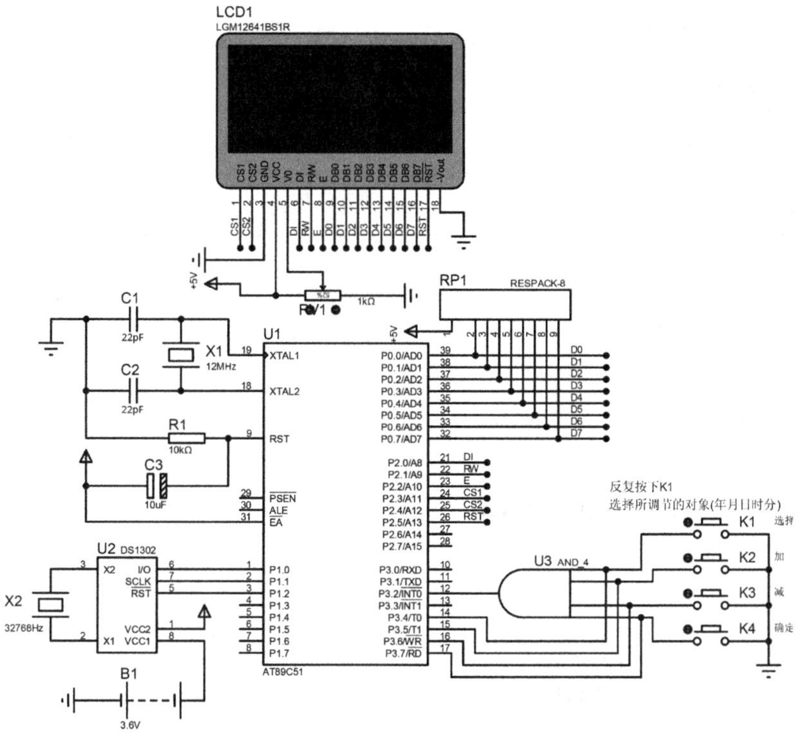

图 4.25　可调式中文电子日历电路原理图

程序编写如下：

```
#include <reg51.h>
#include <string.h>
#include <intrins.h>
#define uchar unsigned char
#define uint unsigned int
extern void LCD12864_Initialization();
extern void Display_char(uchar P1,uchar L1,uchar* M) reentrant;
extern void Display_Word(uchar P2,uchar L2,uchar* M) reentrant;
extern void Datetime_Adjust(char X);
extern void SET_DS1302();//设置时间
extern GetTime();
//函数声明
void Initialization();//初始化函数
extern bit Reverse_Display;//是否反相显示(白底黑字/黑底白字)
extern uchar code Digits[];
extern uchar code WEEK_WORDS[];
extern uchar code Digits[];
extern uchar code DATE_TIME_WORDS[];
extern char Adjust_Index;//当前调节的时间对象:秒,分,时,日,月,年(0,1,2,3,4,6)
extern uchar MonthsDays[];//一年中每个月的天数,二月的天数由年份决定
extern uchar DateTime[7];//所读取的日期时间
sbit k1=P3^4;//选择按键
sbit k2=P3^5;//加
sbit k3=P3^6;//减
```

```
sbit k4=P3^7;//确定
uchar tcount=0;
//水平与垂直偏移
uchar H_Offset=10;//
uchar V_page_Offset=0;
//-----------------------------------------------------
//主程序
//-----------------------------------------------------
void main()
{
  Initialization();
  while(1)
  {
    if(Adjust_Index==-1) GetTime();
  }
}
void Initialization()//初始化函数
{
  IE=0x83;
  IP=0x01;
  IT0=0X01;
  TH0=-50000/256;//写入初值
  TL0=-50000%256;//写入初值
  TR0=1;
  LCD12864_Initialization();//液晶显示模块初始化函数
  //显示年份的前面固定两位
  Display_char(V_page_Offset,0+H_Offset,Digits+2*16);
  Display_char(V_page_Offset,8+H_Offset,Digits);
  //-------------------------------------------------
  //在 12864 LCD 上固定显示汉字:年月日,星期,时分秒
  //-------------------------------------------------
  Display_Word(V_page_Offset,32+H_Offset,DATE_TIME_WORDS+ 0*32);
  Display_Word(V_page_Offset,64+H_Offset,DATE_TIME_WORDS+ 1*32);
  Display_Word(V_page_Offset,96+H_Offset,DATE_TIME_WORDS+ 2*32);
  Display_Word(V_page_Offset+3,56+H_Offset,DATE_TIME_WORDS+3*32);
  Display_Word(V_page_Offset+3,72+H_Offset,DATE_TIME_WORDS+4*32);
  Display_Word(V_page_Offset+6,32+H_Offset,DATE_TIME_WORDS+5*32);
  Display_Word(V_page_Offset+6,64+H_Offset,DATE_TIME_WORDS+6*32);
  Display_Word(V_page_Offset+6,96+H_Offset,DATE_TIME_WORDS+7*32);
}
//-----------------------------------------------------
//定时器 0 刷新 LCD 显示函数
//-----------------------------------------------------
void T0_INT()interrupt 1
{
  TH0=-50000/256;//写入初值
  TL0=-50000%256;//写入初值
  if(++tcount!=2) return;
    tcount=0;
  //年(后两位)
  Reverse_Display=Adjust_Index==6;
  Display_char(V_page_Offset,16+ H_Offset,Digits+DateTime[6]/10* 16);
```

```
  Display_char(V_page_Offset,24+ H_Offset,Digits+DateTime[6]% 10* 16);
  //星期
  Reverse_Display=Adjust_Index==5;
  Display_Word(V_page_Offset+3,96+H_Offset,WEEK_WORDS+(DateTime[5]%10-1)*32);
  //月
  Reverse_Display=Adjust_Index==4;
  Display_char(V_page_Offset,48+H_Offset,Digits+DateTime[4]/10*16);
  Display_char(V_page_Offset,56+H_Offset,Digits+DateTime[4]%10*16);
  //日
  Reverse_Display=Adjust_Index==3;
  Display_char(V_page_Offset,80+H_Offset,Digits+DateTime[3]/10*16);
  Display_char(V_page_Offset,88+H_Offset,Digits+DateTime[3]%10*16);
  //时
  Reverse_Display=Adjust_Index==2;
  Display_char(V_page_Offset+6,16+H_Offset,Digits+DateTime[2]/10*16);
  Display_char(V_page_Offset+6,24+H_Offset,Digits+DateTime[2]%10*16);
  //分
  Reverse_Display=Adjust_Index==1;
  Display_char(V_page_Offset+6,48+H_Offset,Digits+DateTime[1]/10*16);
  Display_char(V_page_Offset+6,56+H_Offset,Digits+DateTime[1]%10*16);
  //秒
  Reverse_Display=Adjust_Index==0;
  Display_char(V_page_Offset+6,80+H_Offset,Digits+DateTime[0]/10*16);
  Display_char(V_page_Offset+6,88+H_Offset,Digits+DateTime[0]%10*16);
}
//--------------------------------------------------------------
//键盘中断处理函数
//--------------------------------------------------------------
void EX_INT0()interrupt 0
{
  if(k1==0)
  {
    if(Adjust_Index==-1||Adjust_Index==-1)
      {Adjust_Index=7;}
    Adjust_Index--;
    if(Adjust_Index==5)
        {Adjust_Index=4;}//跳过对星期的调节
  }
  else if(k2==0)//加
  {
    Datetime_Adjust(1);
  }
  else if(k3==0)//减
  {
    Datetime_Adjust(-1);
  }
  else if(k4==0)
  {
    SET_DS1302();
    Adjust_Index=-1;//操作索引重设为-1,时间继续正常显示
  }
}
```

项目5 A/D和D/A转换技术应用

引言

本项目通过简易数字电压表的设计任务，学习单片机控制系统中 A/D 转换接口技术的应用；通过简易信号发生器的设计任务，学习单片机控制系统中 D/A 转换接口技术的应用。本项目中应用的 A/D 芯片是 TLC2543，应用的 D/A 芯片是 DAC0832。每个任务之后都有扩展练习，教学过程中实现了“学、教、做”相融合，理论与实践相统一。

项目目标

- 理解 A/D 和 D/A 转换原理
- 学会简易数字电压表的设计方法
- 学会简易信号发生器的设计方法

项目任务

- 应用 A/D 转换技术设计简易数字电压表
- 应用 D/A 转换技术设计简易信号发生器

项目相关知识

1 什么是 A/D 和 D/A 转换

A 指模拟(Analog)信号，D 指数字(Digital)信号，A/D 转换就是模数转换(Analog to Digital)，把模拟信号转换成数字信号；D/A 转换就是数模转换(Digital to Analog)，把数字信号转换成模拟信号。

2 为什么要进行 A/D 和 D/A 转换

单片机(以及其他处理器)只能处理数字信号，当单片机想要获取电路上某一点的电压值时，先要有一个 A/D 转换电路，把电压值转换成一个数字量，然后把这个数字量送给单片机，单片机才能对这个电压值进行计算处理。单片机(以及其他处理器)只能输出数字信号，而实际应用中的很多设备需要模拟信号来驱动，比如电机。因此，在单片机控制系统中，单片机要控制电机等设备时，需要先有一个 D/A 转换电路，把数字量转换成模拟电压或电流值,然后用这个模拟量去控制驱动设备。

现在有一些功能比较强大的单片机,其内部已经集成了 A/D 和 D/A 转换器,不需要再外接转换芯片。

任务5.1　简易数字电压表的设计

任务目标

- 理解简易数字电压表电压信号产生原理
- 完成简易数字电压表的硬件电路连接
- 完成简易数字电压表的软件程序设计

任务内容

- 学习 A/D 转换器 TLC2543 的工作原理
- 连接简易数字表电压的硬件电路
- 设计简易数字电压表的软件程序

任务相关知识

在电量的测量中,电压、电流和频率是最基本的三个被测量,其中电压的测量最为广泛。随着电子技术的发展,测量也开始追求更高的精度,为了使测得的电压更加准确,数字电压表就成为一种必不可少的仪器。数字电压表简称 DVM,由于采用了数字化的测量技术,可以将那些连续的模拟量转换成不连续、离散的数字量,随后将测得的结果通过显示器显示出来。相较于传统的指针式刻度电压表,数字电压表有如下优点:

① 显示清晰直观,读数准确。数字电压表能避免人为测量误差(例如视差),保证读数的客观性与准确性;同时它符合人们的读数习惯,能缩短读数和记录的时间;具备标志符显示功能,包括测量项目符号、单位符号和特殊符号。

② 准确度高。数字电压表的准确度远优于模拟式电压表。例如,$3\frac{1}{2}$位、$4\frac{1}{2}$位 DVM 的准确度分别可达±0.1%、±0.02%。

③ 分辨率高。分辨率指数字电压表所能显示的最小位数指示值。数字电压表在最低电压量程上末位1个字所代表的电压值反映仪表分辨率的高低,且随显示位数的增加而提高。如3位半数字电压表最小量程为1.999 V,分辨率为1 mV;4位半数字电压表最小量程为1.999 9 V,分辨率为0.1 mV。

④ 扩展能力强。数字电压表可扩展成各种通用及专用数字仪表、数字多用表(DMM)和智能仪器,以满足不同的需要。如通过转换电路可测量交直流电压、电流,通过特性运算可测量峰值、有效值、功率等,通过变化适配可测量频率、周期、相位等。

⑤ 测量速率快。数字电压表在每秒钟内对被测电压的测量次数叫测量速率，单位是次/s。数字电压表的测量速率主要取决于 A/D 转换器的转换速率，其倒数是测量周期。$3\frac{1}{2}$位、$5\frac{1}{2}$位 DVM 的测量速率分别为几次每秒、几十次每秒，而 $8\frac{1}{2}$位 DVM 采用降位的方法，测量速率可达 10 万次/s。

⑥ 输入阻抗高。数字电压表的输入阻抗通常为 10～10 000 MΩ，最高可达 1 TΩ。因而数字电压表在测量时从被测电路上吸取的电流极小，不会影响被测信号源的工作状态，能减小由信号源内阻引起的测量误差。

⑦ 抗干扰能力强。$5\frac{1}{2}$位以下的 DVM 大多采用积分式 A/D 转换器，其串模抑制比(SMR)、共模抑制比(CMR)分别可达 100 dB、80～120 dB。高档 DVM 还采用数字滤波、浮地保护等先进技术，进一步提高了抗干扰能力，CMR 可达 180 dB。

⑧ 集成度高，微功耗。新型数字电压表普遍采用 CMOS 大规模集成电路，整机功耗很低。

由于以上优点，DVM 已大面积取代那些不能满足数字时代需求的指针式电压表。而采用单片机的数字电压表，其抗干扰能力和可扩展性将得到进一步提升。影响数字电压表精度的主要部件是 A/D 转换器，其转换精度越高，数字电压表的精度就越高。因而影响数字电压表质量高低的因素，除了工艺问题之外，单片机和 A/D 转换器的优劣便是最重要的。

在 A/D 转换器中，因为输入的模拟信号在时间上是连续的，而输出的数字信号则是离散的，所以转换只能在一系列选定的瞬间对输入的模拟信号采样，然后将这些采样值转换成输出的数字量。因此 A/D 转换的过程首先是对输入的模拟信号采样，采样结束后进入保持时间，在这段时间内将采样的模拟量转换为数字量，并按一定的编码形式给出转换结果。在这之后，再开始下一次采样。

任务实施

本任务以单片机为主控制器，设计一款简易数字电压表，电压表的显示部分采用 1602 液晶显示屏，电压表的 A/D 芯片采用 12 位串行模数转换器 TLC2543。

1　认识器件

本实训任务用到的实训器件包括：A/D 转换芯片 TLC2543(1 片)、液晶显示屏 1602(1 块)、单片机最小系统板(1 块)、面包板(1 块)、可变电阻器(2 个)。

TLC2543 是具有 11 个输入端的 12 位模数转换器，具有转换快、稳定性好、与微处理器接口简单、价格低等优点，应用前景好。

1) TLC2543 的特点

① 12 位分辨率 A/D 转换器。

② 在工作温度范围内转换时间为 10 μs。

③ 具有 11 个模拟输入通道。

④ 采用 3 路内置自测试方式。

⑤ 采样率为 66 Kb/s。

⑥ 线性误差为+1 LSB(最大值)。

⑦ 具有转换结束(EOC)输出。

⑧ 具有单、双极性输出。

⑨ 具有可编程的 MSB 或 LSB 前导。

⑩ 具有可编程的输出数据长度。

2) TLC2543 的引脚分布及功能

TLC2543 的引脚分布如图 5.1 所示,各引脚功能说明如下:

① 1～9、11、12:AIN0～AIN10 为模拟输入端。

② 15:CS 为片选端,低电平有效。

③ 17:DATA INPUT 为串行数据输入端,它是控制字输入端,用于规定 TLC2543 要转换的模拟量通道、转换后的输出数据长度、输出数据的格式。

④ 16:DATA OUT 为 A/D 转换结果的三态串行输出端。

⑤ 19:EOC 为转换结束端。

⑥ 18:I/O CLOCK 为 I/O 时钟,它是控制输入、输出的时钟,由外部输入。

⑦ 14:REF+为正基准电压端。

⑧ 13:REF-为负基准电压端。

⑨ 20:V_{CC}为电源端。

⑩ 10:GND 为接地端。

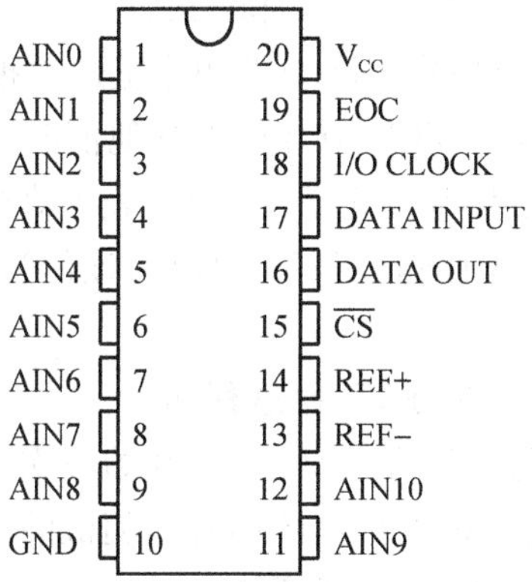

图 5.1　TLC2543 引脚分布图

3) TLC2543 的简要工作过程

TLC2543 的工作过程分为两个周期:I/O 周期和转换周期。

(1) I/O 周期

I/O 周期由外部提供的 I/O CLOCK 定义,延续 8、12 或 16 个时钟周期,取决于选定的输出数据长度。器件进入 I/O 周期后同时进行两种操作。

在 I/O CLOCK 的前 8 个脉冲的上升沿,以 MSB 前导方式从 DATA INPUT 端输入 8 位数据流到输入寄存器。其中前 4 位为模拟通道地址,控制 14 通道模拟多路器从 11 个模拟输入和 3 个内部测量电压中选通一路送到采样保持电路，该电路从第 4 个 I/O CLOCK 脉冲的下降沿开始对所选信号进行采样，直到最后一个 I/O CLOCK 脉冲的下降沿。I/O 周期的时钟脉冲个数与输出数据长度（位数）同时由输入数据的 D3、D2 位选择为 8、12 或 16。当工作于 12 或 16 位时，在前 8 个时钟脉冲之后，DATA INPUT 无效。

在 DATA OUT 端串行输出 8、12 或 16 位数据。当 CS 保持为低电平时，第一个数据出现在 EOC 的上升沿。若转换由 CS 控制，则第一个输出数据发生在 CS 的下降沿。这个数据串是前一次转换的结果，在第一个输出数据位之后的每个后续位均由后续的 I/O 时钟下降沿输出。

（2）转换周期

在 I/O 周期的最后一个 I/O CLOCK 下降沿之后，EOC 变为低电平，采样值保持不变，转换周期开始，片内转换器对采样值进行逐次逼近式 A/D 转换，其工作由与 I/O CLOCK 同步的内部时钟控制。转换完成后 EOC 变为高电平，转换结果锁存在输出数据寄存器中，待下一个 I/O 周期输出。I/O 周期和转换周期交替进行，从而可减小外部的数字噪声对转换精度的影响。

4）TLC2543 的使用方法

（1）控制字的格式

控制字为从 DATA INPUT 端串行输入的 8 位数据，它规定了 TLC2543 要转换的模拟量通道、转换后的输出数据长度、输出数据的格式。

高 4 位（D7～D4）决定通道号，对于 0 通道至 10 通道，该 4 位为 0000～1010H；当为 1011～1101 时，用于对 TLC2543 的自检，分别测试[V_{REF}（＋）＋V_{REF}（－）]/2、V_{REF}（－）、V_{REF}（＋）的值；当为 1110 时，TLC2543 进入休眠状态。

低 4 位决定输出数据长度及格式。D3、D2 决定输出数据长度，为 01 时表示输出数据长度为 8 位，为 11 时表示输出数据长度为 16 位，为其他值时表示输出数据长度为 12 位。D1 决定输出数据是高位先送出，还是低位先送出，为 0 表示高位先送出。D0 决定输出数据是单极性（二进制）还是双极性（2 的补码），若为单极性，该位为 0，反之则为 1。

（2）转换过程

TLC2543 的时序图如图 5.2 所示，转换过程如下：

① 上电后，CS 必须从高电平到低电平，才能开始一次工作周期，此时 EOC 为高电平，输入数据寄存器被置为 0，输出数据寄存器的内容是随机的。

② 开始时，CS 为高电平，I/O CLOCK、DATA INPUT 被禁止，DATA OUT 呈高阻状，EOC 为高电平。

③ 使 CS 变为低电平，I/O CLOCK、DATA INPUT 使能，DATA OUT 脱离高阻状态。12 个时钟信号从 I/O CLOCK 端依次加入，随着时钟信号的加入，控制字从 DATA INPUT 一位一位地在时钟信号的上升沿时被送入 TLC2543（高位先送入），同时上一周期转换的 A/D 数据，即输出数据寄存器中的数据从 DATA OUT 一位一位地移出（下降沿）。TLC2543 收到第 4 个时钟信号后，通道号也已收到，此时 TLC2543 开始对选定通道的模拟量进行采样，并保持到第 12 个时钟的下降沿。

④ 在第 12 个时钟的下降沿，EOC 变为低电平，开始对本次采样的模拟量进行 A/D 转

换，转换时间约需 10 μs，转换完成后 EOC 变为高电平，转换的数据在输出数据寄存器中，待下一个工作周期输出。此后，可以开始新的工作周期。

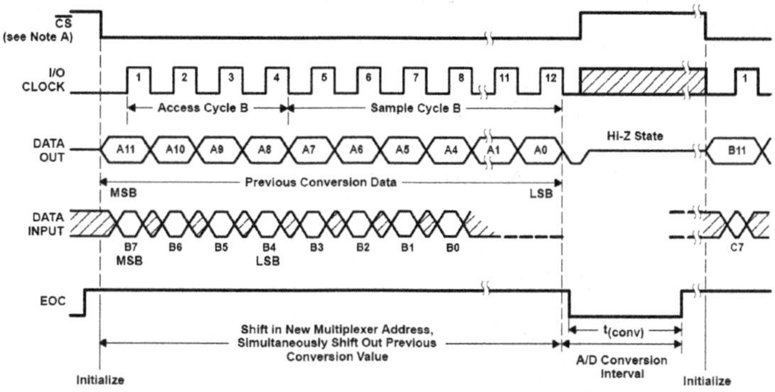

图 5.2　TLC2543 时序图

2　连接电路

简易数字电压表电压信号的采集是通过 TLC2543 转换器实现的，TLC2543 与单片机的连接如图 5.3 所示。输入信号为 0～5 V 电压信号，在图 5.3 中通过滑动变阻器分压模拟实际电压信号。输入信号由 TLC2543 的 0 通道进入，其他通道的使用与此类似，不用时悬空。TLC2543 的 15～19 脚与单片机的 P1 口部分端口连接，具体见图 5.3 所示。扫描下方二维码，查看电路连接。

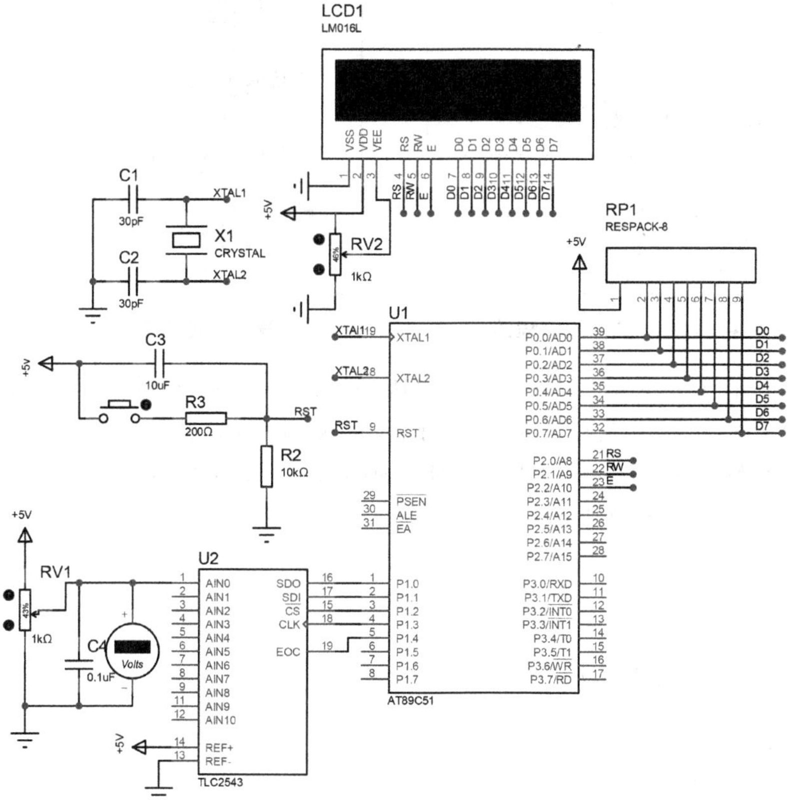

图 5.3　TLC2543 实现电压信号采集的电路原理图

电路连接

3 编写代码

根据图 5.3 的硬件电路工作原理，进行软件程序设计，TLC2543 的工作流程如图 5.4 所示，程序主流程图如图 5.5 所示。

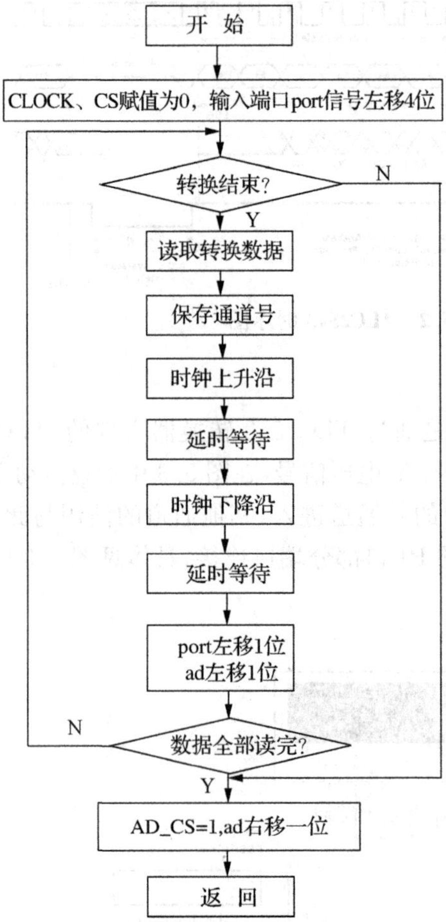

图 5.4 TLC2543 工作流程图

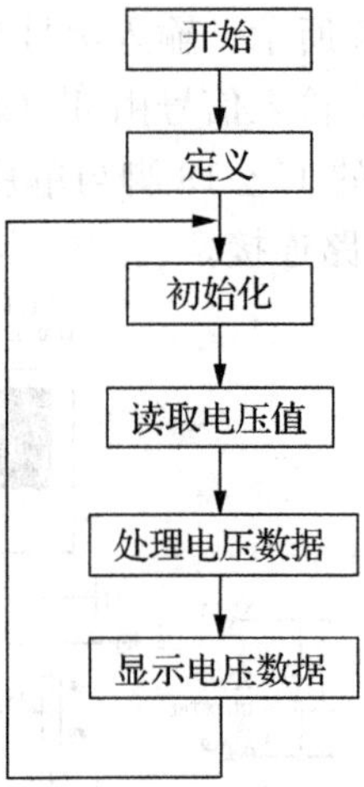

图 5.5 程序主流程图

程序的设计思路是：首先定义端口（液晶显示模块端口、TLC2543 控制端口）、数据变量、显示数组以及各个子函数；然后进入主函数，进行液晶初始化；接着进入主循环，先调用 TLC2543 读取函数，读取输入电压值，然后调用数据处理函数进行数据处理，最后将数据在液晶显示屏上显示出来。程序编写如下：

```
#include <reg52.h>
#include <intrins.h>
/*下面是引脚连接关系*/
sbit AD_EOC=P1^4;/*转换完成指示*/
sbit AD_IOCLK=P1^3;/*时钟*/
sbit AD_DATIN=P1^1;/*数据入*/
sbit AD_DATOUT=P1^0;/*数据出*/
sbit AD_CS=P1^2;/*片选*/
```

```
sbit RS=P2^0;/*液晶显示模块端口定义*/
sbit RW=P2^1;
sbit E=P2^2;
uint AD_Result;/*存储各模拟通道的数据*/
uchar Databuf[]="0.000V";
unsigned int Read2543(uchar port);//定义 TLC2543 读取函数
void delay(uint x);//定义延时函数,40 μs
void delay1(uchar k);//定义延时函数,1 ms
void Data_handle();//定义数据处理函数
void SendCommandByte(unsigned char ch);//定义发送命令函数
void SendDataByte(unsigned char ch);//定义发送数据函数
void InitLcd();//定义液晶显示模块初始化函数
void Display();//定义显示函数
void main()
{
  InitLcd();//初始化液晶显示模块
  while(1)
  {
    AD_Result=Read2543(0);//读取数据
    Data_handle();//处理数据
    Display();//显示数据
  }
}
/************延时程序************ /
void delay(uint x)//delay 40 μs
{
  for(;x!=0;x--);
}
void delay1(uchar k)///1 ms
{
  uchar i,j;
  for(i=0;i<k;i++)
    for(j=0;j<121;j++);
}
/************发送命令函数************/
void SendCommandByte(unsigned char ch)
{
  RS=0;
  RW=0;
  P0=ch;
  E=1;
  delay(1);
  E=0;
  delay(100);
}
/************发送数据函数************/
void SendDataByte(unsigned char ch)
{
  RS=1;
  RW=0;
```

```
  P0=ch;
  E=1;
  delay(1);
  E=0;
  delay(100);
}
/***********液晶显示模块初始化函数***************/
void InitLcd()
{
  SendCommandByte(0x38);//设置工作方式
  SendCommandByte(0x0c);//设置显示状态
  SendCommandByte(0x01);//清屏
  SendCommandByte(0x06);//设置输入方式
}
/***********显示函数***************/
void Display()
{
  unsigned char i;
    SendCommandByte(0x85);//设置显示位置
    for(i=0;i<7;i++)
    {
      SendDataByte(Databuf[i]);//显示数据
    }
}
/***********TLC2543读取函数***************/
unsigned int Read2543(uchar port)
{
  uint ad=0,i;
  //一次转换开始前,CS置1,EOC置1,时钟置0
  AD_IOCLK=0;
  AD_CS=1;
  AD_EOC=1;
  delay1(1);//保持一段时间,拉低CS
  AD_CS=0;
  delay1(1);//保持一段时间,等数据稳定后再读取第1位数据(A11)
  port<<=4;
  for(i=0;i<12;i++)
  {
    if(AD_DATOUT) ad|=0x01;//读取第1位数据
    AD_DATIN=(bit)(port&0x80);//通道选择数据准备好,上升沿锁存进TLC2543
    AD_IOCLK=1;//时钟上升沿
    delay1(1);//保持一段时间
    AD_IOCLK=0;//时钟下降沿
    delay1(1);//保持一段时间
    port<<=1;
    ad<<=1;//移位,将最低位空出,以装入第2位数据(A10)
  }
    AD_CS=1;//一次转换结束后将CS拉高
    ad>>=1;//由于多左移了1位,所以再右移1位
    return(ad);//返回数据
```

```
}
/************数据处理函数****************/
void Data_handle()
{
  AD_Result=AD_Result* 5000.0/4096;//将读取数据扩大 1000 倍
  Databuf[0]=AD_Result/1000+'0';//获得千位数据,变为字符
  Databuf[2]=AD_Result% 1000/100+'0';//获得百位数据,变为字符
  Databuf[3]=AD_Result% 100/10+'0';//获得十位数据,变为字符
  Databuf[4]=AD_Result% 10+'0';//获得个位数据,变为字符
}
```

打开 Keil 软件,新建工程并命名为“AD_LCD”,在工程中添加“AD_LCD. c”文件,将程序代码输入该文件中并保存,编译无误后生成. hex 文件,如图 5.6 所示。扫描下方二维码,查看完整代码。

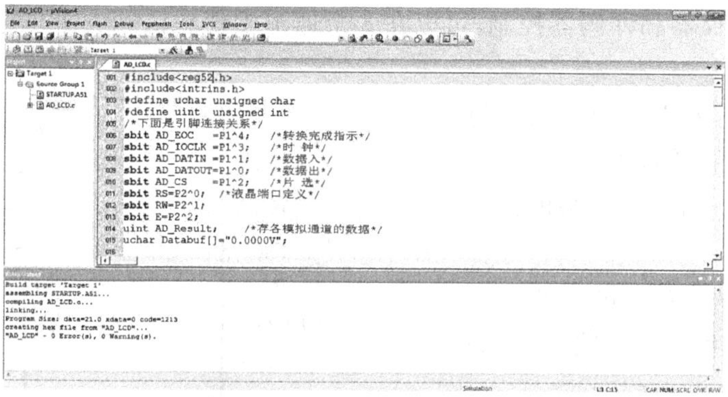

图 5.6　程序编译无误

本节代码

4　下载程序并测试

将程序代码下载到单片机中,液晶显示屏能正确显示测得的电压值。请扫描右方二维码,查看实验效果。

实验效果

5　任务扩展

1) 将图 5.3 中的信号输入端改为其他通道,实现信号的采集

改变输入通道后,TLC2543 的读取函数和数据处理函数还是不用改变,只要改变 Read2543(uchar port)函数的 port 参数,port 参数用于设置通道。

2) 如果希望得到的电压值能精确到 0.000 1 V,如何修改处理函数?

要使测量电压值精确到 0.000 1 V,需要将测量电压扩大 10 000 倍,因此显示数字要增加 1 位。首先定义数据存储数组如下:

```
uchar Databuf[]= "0.0000V";
```

再对数据处理函数作如下修改:

```
void Data_handle()
{
    AD_Result=AD_Result*50000.0/4096;//读取的数值扩大 10000 倍
    Databuf[0]=AD_Result/10000+'0';//获得万位数据,变为字符型
    Databuf[2]=AD_Result%10000/1000+'0';//获得千位数据,变为字符型
    Databuf[3]=AD_Result%1000/100+'0';//获得百位数据,变为字符型
    Databuf[4]=AD_Result%100/10+'0';//获得十位数据,变为字符型
    Databuf[5]=aAD_Result%10+'0';//获得个位数据,变为字符型
}
```

3) 利用 ADC0808 实现简易数字电压表

ADC0808 是含 8 位 A/D 转换器、8 路多路开关以及与微型计算机兼容的控制逻辑的 CMOS 组件，其转换方法为逐次逼近型，精度为 1/2 LSB。ADC0808 内部有一个高阻抗斩波稳定比较器，一个带模拟开关树组的 256 电阻分压器，以及一个逐次逼近型寄存器。8 路的模拟开关的通断由地址锁存器和译码器控制，可以在 8 个通道中任意访问一个单边的模拟信号。

ADC0808 有 28 条引脚，采用双列直插式封装，如图 5.7 所示，各引脚功能说明如下：

① 1～5 和 26～28(IN0～IN7)：8 路模拟量输入端。

② 8、14、15 和 17～21：8 位数字量输出端。

③ 22(ALE)：地址锁存允许信号输入端，高电平有效。

④ 6(START)：A/D 转换启动脉冲输入端，输入一个正脉冲(至少 100 ns 宽)使其启动(脉冲上升沿使 0808 复位，下降沿启动 A/D 转换)。

⑤ 7(EOC)：A/D 转换结束信号输出端，当 A/D 转换结束时，此端输出一个高电平(转换期间一直为低电平)。

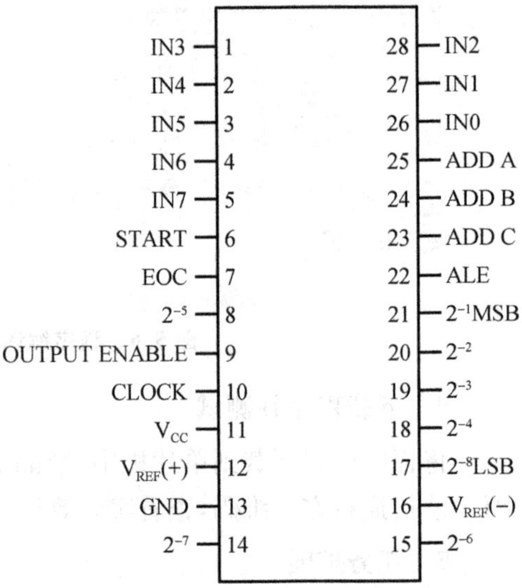

图 5.7　ADC0808(ADC0809)引脚分布图

⑥ 9(OUTPUT ENABLE)：数据输出允许信号输入端，高电平有效。当 A/D 转换结束时，此端输入一个高电平，才能打开输出三态门，输出数字量。

⑦ 10(CLOCK)：时钟脉冲输入端，要求时钟频率不高于 640 kHz。

⑧ 12[V_{REF}(+)]和 16[V_{REF}(−)]：参考电压输入端。

⑨ 11(V_{CC})：主电源输入端。

⑩ 13(GND)：接地端。

⑪ 23～25(ADD A、ADD B、ADD C)：3 位地址输入端，用于选通 8 路模拟输入中的一路，如表 5.1 所示。

表 5.1　ADC0808 输入通道选择表

输入通道	ADD_C	ADD_B	ADD_A
IN0	0	0	0
IN1	0	0	1
IN2	0	1	0
IN3	0	1	1
IN4	1	0	0
IN5	1	0	1
IN6	1	1	0
IN7	1	1	1

利用 ADC0808 设计的简易数字电压表的电路原理图如图 5.8 所示，程序编写如下：

```
#include <reg51.h>
#define uchar unsigned char
#define uint unsigned int
uchar code seg[]={0x3f,0x06,0x5b,0x4f,0x66,0x6d,0x7d,0x07,0x7f,0x6f};//共阴极段码
uchar code ledwei[]={0xf7,0xfb,0xfd,0xfe};//位码
uchar buffer1[]={"D:000"};//数字量显示缓存
uchar buffer2[]={"A:0.000V"};//模拟量显示缓存
//ADC0809 的控制端口定义
sbit CLK=P1^3;
sbit ST=P1^2;
sbit EOC=P1^1;
sbit OE=P1^0;
sbit P14=P1^4;
sbit P15=P1^5;
sbit P16=P1^6;
//液晶显示模块端口定义
sbit RS=P2^0;
sbit RW=P2^1;
sbit E=P2^2;
void init();//定义定时器和液晶显示模块初始化函数
void start();//定义启动函数
void set_OE();//定义 OE 置位函数
void clr_OE();//定义 OE 清零函数
void SendCommandByte(unsignedchar ch);//定义发送命令函数
void SendDataByte(unsigned char ch);//定义发送数据函数
void delay(uint t);//定义延时函数
void Display();//定义显示函数
void Handle();//定义数据处理函数
void main()
{
  init();//初始化定时器
  P14=0;
```

```
    P15=0;
    P16=0;
    while(1)
    {
      start();//启动 AD
      while(EOC==0);//等待转换结束,转换 EOC=0
        set_OE();//OE 置位,转换数据输出
      Handle();//处理转换数据
      Display();//显示转换后的数字量
        clr_OE();//OE 清零停止输出
    }
  }
  void init()//定时器初始化函数
  {
    TMOD=0x02;//定时器 0,定时,方式 2
    TH0=0x38;//赋初值,定时 200us
    TL0=0x38;//TL0 和 TH0 值相等
    EA=1;
    ET0=1;
    TR0=1;
    SendCommandByte(0x38);//设置工作方式
    SendCommandByte(0x0c);//设置显示状态
    SendCommandByte(0x01);//清屏
    SendCommandByte(0x06);//设置输入方式
  }
  void start()//启动 AD0809
  {
    ST=0;
    ST=1;
    ST=0;
  }
  void set_OE()//允许输出
  {
    OE=1;
  }
  void clr_OE()//数据线高阻,禁止输出
  {
    OE=0;
  }
  //发送命令函数
  Void SendCommandByte(unsigned char ch)
  {
    RS=0;
    RW=0;
    P0=ch;
    E=1;
    delay(1);
    E=0;
    delay(100);
  }
```

```
//发送数据函数
void SendDataByte(unsigned char ch)
{
  RS=1;
  RW=0;
  P0=ch;
  E=1;
  delay(1);
  E=0;
  delay(100);
}
void delay(uint t)//delay
{
  uchar i;
  while(t-- )
  {
    for(i=0;i<1;i++);
  }
}
//******* 显示函数*******
voidDisplay()
{
  uchar i;
  SendCommandByte(0x84);
  //设置显示位置
  for(i=0;i<5;i++)
  {
    SendDataByte(buffer1[i]);
  //显示数据函数
  }
  SendCommandByte(0xC4);
  //设置显示位置
  for(i=0;i<7;i++)
  {
    SendDataByte(buffer2[i]);//显示数据
  }
}
void Handle()//数据处理函数
{
  uint num,num1;
  num=P3;
  num1=num* 5000.0/255;
  buffer1[4]=num%10+'0';//个位数
  buffer1[3]=num%100/10+'0';//十位数
  buffer1[2]=num%1000/100+'0';//百位数
  buffer2[6]=num1%10+'0';//千分位
  buffer2[5]=num1%100/10+'0';//百分位
  buffer2[4]=num1%1000/100+'0';//十分位
  buffer2[2]=num1/1000+'0';
//个位数
```

```
}
void timer0() interrupt 1
{
  CLK=~CLK;//产生时钟信号
}
```

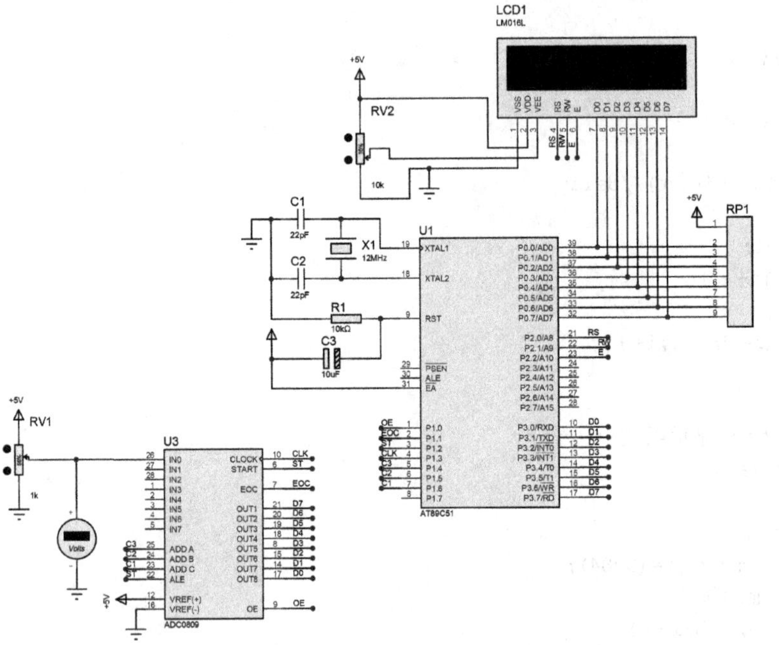

图 5.8 ADC0809 实现简易数字电压表的电路原理图

4）利用 ADC0832 实现简易数字电压表

ADC0832 是一种 8 位分辨率、双通道 A/D 转换芯片，由于体积小、兼容性好、性价比高而深受单片机爱好者及企业欢迎，目前已经有很高的普及率。ADC0832 的引脚分布如图 5.9 所示，各引脚功能说明如下：

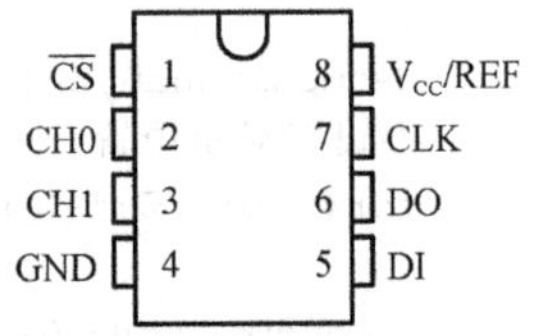

图 5.9 ADC0832 引脚分布图

① CS：片选端，低电平使能。

② CH0：模拟输入通道 0，或作为 IN+/−使用。

③ CH1：模拟输入通道 1，或作为 IN+/−使用。

④ GND：芯片参考 0 电位（地）。

⑤ DI：数据信号输入端，选择通道控制。

⑥ DO：数据信号输出端，转换数据输出。

⑦ CLK：芯片时钟输入端。

⑧ V_{CC}/REF：电源及参考电压输入端（复用）。

利用 ADC0832 设计的简易数字电压表的电路原理图如图 5.10 所示，程序编写如下：

```
#include <reg51.h>
#include <intrins.h>
```

```
#define uchar unsigned char
#define uint unsigned int
uchar Buffer[]="Current Voltage:";
uchar Buffer1[]="0.00V";
uchar Vot=0;
sbit E=P2^2;//液晶显示模块使能端
sbit RW=P2^1;//读/写选择端
sbit RS=P2^0;//数据/命令选择端
sbit ADCS=P1^0;//ADC0832 chip seclect
sbit ADCLK=P1^1;//ADC0832 clock signal
sbit ADDI=P1^2;//ADC0832 data in
sbit ADDO=P1^3;//ADC0832 data out
void delay(uint i);//定义延时函数
uint Adc0832(uchar channel);//定义 ADC0832 读取函数
void Display();//定义显示函数
void Handle();//定义数据处理函数
void SendCommandByte(unsigned char ch);//定义发送命令函数
void SendDataByte(unsigned char ch);//定义发送数据函数
void InitLcd();//定义液晶显示模块初始化函数

    void main()
    {
      InitLcd();//初始化液晶显示模块
      while(1)
      {
              Handle();
                Display();
      }
    }
    /************
    ADC0832 读取函数
    ************ /
    uint Adc0832(uchar channel)
    {
      uchar i= 0;
      uchar j;
      uint dat= 0;
      uchar ndat= 0;
      uchar Vot= 0;

      if(channel==0)channel= 2;
      if(channel==1)channel= 3;
      ADDI= 1;
      _nop_();
      _nop_();
      ADCS= 0;//拉低 CS 端
      _nop_();
      _nop_();
      ADCLK= 1;//拉高 CLK 端
      _nop_();
      _nop_();
      ADCLK= 0;
    //拉低 CLK 端,形成下降沿 1
```

```
_nop_();
_nop_();
ADCLK= 1;//拉高 CLK 端
ADDI= channel&0x1;
_nop_();
_nop_();
ADCLK= 0;
//拉低 CLK 端,形成下降沿 2
_nop_();
_nop_();
ADCLK= 1;//拉高 CLK 端
ADDI= (channel> > 1)&0x1;
_nop_();
_nop_();
ADCLK= 0;
//拉低 CLK 端,形成下降沿 3
ADDI= 1;//控制命令结束
_nop_();
_nop_();
dat= 0;
for(i=0;i<8;i++)
{
  dat|= ADDO;//接收数据
  ADCLK= 1;
  _nop_();
  _nop_();
  ADCLK= 0;//形成一次时钟脉冲
  _nop_();
  _nop_();
  dat< < = 1;
  if(i==7)dat|= ADDO;
  }
  for(i=0;i<8;i++)
  {
    j= 0;
    j= j|ADDO;//接收数据
    ADCLK= 1;
    _nop_();
    _nop_();
    ADCLK= 0;//形成一次时钟脉冲
    _nop_();
    _nop_();
    j= j< < 7;
    ndat= ndat|j;
    if(i< 7)ndat> > = 1;
  }
  ADCS= 1;//拉低 CS 端
  ADCLK= 0;//拉低 CLK 端
  ADDO= 1;
//拉高数据端,回到初始状态
dat< < = 8;
dat|= ndat;
```

```
  return(dat);//返回 AD 转化数据
}
//延时函数
void delay(uint j)
{
  uint x,y;
  for(x= j;x> 0;x-- )
    for(y= 125;y> 0;y-- );
}
//发送命令函数
void SendCommandByte(unsigned char ch)
{
  RS= 0;
  RW= 0;
  P0= ch;
  E= 1;
  delay(1);
  E= 0;
  delay(100);
}
//发送数据函数
void SendDataByte(unsigned char ch)
{
  RS= 1;
  RW= 0;
  P0= ch;
  E= 1;
  delay(1);
  E= 0;
  delay(100);
}
//液晶显示模块初始化函数
void InitLcd()
{
  SendCommandByte(0x38);//设置工作方式
  SendCommandByte(0x0c);//设置显示状态
  SendCommandByte(0x01);//清屏
  SendCommandByte(0x06);//设置输入方式
  SendCommandByte(0x80);//设置显示位置
}
//数据处理函数
void Handle()
{
  uchar V;
  Vot= Adc0832(0);
  V= (uint)((Vot* 5.0* 100)/256);
  Buffer1[0]=V/100+'0';
  Buffer1[2]=V% 100/10+'0';
  Buffer1[3]=V% 10+'0';
}
//显示函数
void Display()
```

```
{
  uchar j;
  SendCommandByte(0x80);
  //设置显示位置
  for(j=0;j<16;j++)
  {
    SendDataByte(Buffer[j]);
  //显示数据
  }
  SendCommandByte(0xc5);
  //设置显示位置
  for(j=0;j<5;j++)
  {
  SendDataByte(Buffer1[j]);
  //显示数据
  }
}
```

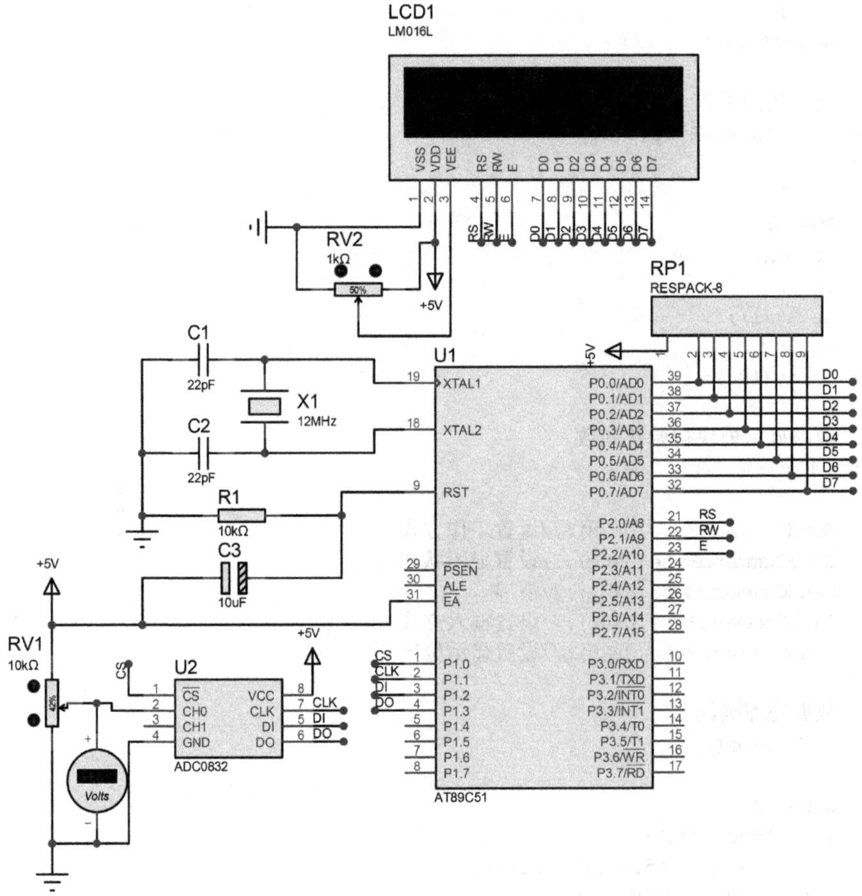

图 5.10 ADC0832 实现简易数字电压表的电路原理图

任务 5.2　简易信号发生器的设计

任务目标

- 理解 D/A 转换器 DAC0832 的工作原理
- 理解方波、正弦波、三角波和锯齿波的产生原理
- 完成简易信号发生器的硬件电路连接
- 完成简易信号发生器的软件程序设计

任务内容

- 尝试 D/A 转换器 DAC0832 与单片机的不同连接方式
- 学习方波、正弦波、三角波和锯齿波的产生原理
- 连接简易信号发生器的硬件电路
- 设计简易信号发生器的软件程序

任务相关知识

信号发生器应用广泛，种类繁多，性能各异，分类也不尽相同。信号发生器按照频率范围可以分为超低频信号发生器、低频信号发生器、视频信号发生器、高频波形发生器、甚高频波形发生器和超高频信号发生器；按照输出波形可以分为正弦信号发生器和非正弦信号发生器，其中非正弦信号发生器又包括脉冲信号发生器、函数信号发生器、扫频信号发生器、数字序列波形发生器、图形信号发生器、噪声信号发生器等；按照性能指标可以分为一般信号发生器和标准信号发生器，前者指对输出信号的频率、幅度的准确度和稳定度以及波形失真等要求不高的信号发生器，后者指输出信号的频率、幅度、调制系数等在一定范围内连续可调，并且读数准确、稳定、屏蔽良好的中、高档信号发生器。

任务实施

本任务以 AT89C51 单片机为控制核心，通过 D/A 转换器 DAC0832 实现简易的低频信号发生器，能够产生方波、三角波和正弦波三种波形。

1　认识器件

本实训任务用到的实训器件包括：D/A 转换芯片 DAC0832（1 片）、小功率直流电动机（1 台）、运算放大器 LM324（1 片）、NPN 三极管 BC184（2 个）、单片机最小系统板（1 块）、面包板（1 块）、色环电阻（6 个）。

1）DAC0832

DAC0832 是 8 位的 D/A 转换集成芯片，与微处理器完全兼容，因具有价格低廉、接口简单、转换控制容易等优点而在单片机应用系统中得到广泛的应用。与 DAC0832 同系列的芯

片还有 DAC0830 和 DAC0831，它们可以相互代换。DAC0832 由 8 位数据锁存器、8 位 DAC 寄存器、8 位 D/A 转换电路及转换控制电路构成。

(1) 主要参数

① 分辨率为 8 位。

② 电流稳定时间为 1 μs。

③ 可单缓冲、双缓冲或直接数字输入。

④ 只需在满量程下调整其线性度。

⑤ 采用单一电源供电(+5～+15 V)。

⑥ 功耗低，为 20 mW。

(2) 引脚分布

如图 5.11 所示为 DAC0832 的引脚分布图，各引脚功能说明如下：

① DI0～DI7：8 位数据输入端，TTL 电平，有效时间应大于 90 ns(否则锁存器的数据会出错)。

② ILE：数据锁存允许控制信号输入端，高电平有效。

③ CS：片选信号输入端(选通数据锁存器)，低电平有效。

④ WR1：数据锁存器写选通输入端，负脉冲(脉宽应大于 500 ns)有效。由 ILE、CS、WR1 的逻辑组合产生 LE_1，当 LE_1 为高电平时，数据锁存器状态随输入数据线变换，LE_1 负跳变时将输入数据锁存。

⑤ XFER：数据传输控制信号输入端，低电平有效，负脉冲(脉宽应大于 500 ns)有效。

⑥ WR2：DAC 寄存器选通输入端，负脉冲(脉宽应大于 500 ns)有效。由 WR2、XFER 的逻辑组合产生 LE_2，当 LE_2 为高电平时，DAC 寄存器的输出随寄存器的输入而变化，LE_2 负跳变时将数据锁存器的内容输入 DAC 寄存器并开始 D/A 转换。

⑦ I_{OUT1}：电流输出端 1，其值随 DAC 寄存器的内容线性变化。

⑧ I_{OUT2}：电流输出端 2，其值与 I_{OUT1} 值之和为一个常数。

⑨ R_{fb}：反馈信号输入端，改变 R_{fb} 端外接电阻值可调整转换满量程精度。

⑩ V_{CC}：电源输入端，电压范围为+5～+15 V。

⑪ V_{REF}：基准电压输入端，电压范围为−10～+10 V。

⑫ GND(3 脚)：模拟信号地。

⑬ GND(10 脚)：数字信号地。

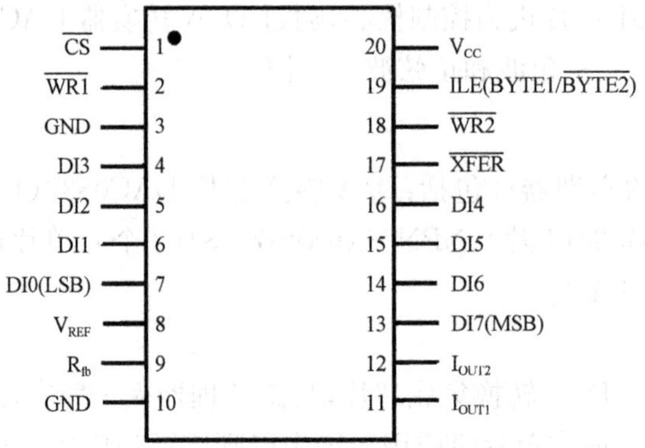

图 5.11 DAC0832 引脚分布图

(3) 工作方式

根据对DAC0832的数据锁存器和DAC寄存器控制方式的不同,DAC0832有三种工作方式:直通方式、单缓冲方式和双缓冲方式。

① 单缓冲方式

单缓冲方式控制数据锁存器和DAC寄存器同时接收数据,或者只用数据锁存器而把DAC寄存器接成直通方式。此方式适用于只有一路模拟量输出或几路模拟量异步输出的情形。

② 双缓冲方式

双缓冲方式先使数据锁存器接收数据,再控制输入寄存器的输出数据到DAC寄存器,即分两次锁存输入数据。此方式适用于多个D/A转换同步输出的情形。

③ 直通方式

直通方式是数据不经两级锁存器锁存的工作方式,即CS、XFER、WR1、WR2均接地,ILE接高电平。此方式适用于连续反馈控制线路和不带微机的控制系统,不过在使用时,必须通过另加I/O接口与CPU连接,以匹配CPU与D/A转换。

(4) 特性

① 分辨率

分辨率反映了输出模拟电压的最小变化值,定义为输出满刻度电压与2^n的比值,其中n为DAC的位数。

分辨率与输入数字量的位数有确定的关系。对于5 V的满量程,采用8位的DAC时,分辨率为5 V/256=19.5 mV;采用10位的DAC时,分辨率则为5 V/1 024=4.88 mV。显然,位数越多分辨率就越高。

② 建立时间

建立时间是描述DAC转换速度快慢的特性,定义为从输入数字量变化到输出达到终值误差±1/2 LSB(最低有效位)所需的时间。

③ 接口形式

接口形式是DAC输入/输出特性之一,包括输入数字量的形式(十六进制或BCD码)、输入是否带有锁存器等。

DAC0832是使用非常普遍的8位D/A转换器,由于其片内有输入数据寄存器,故可以直接与单片机连接。(根据数据的输入过程,单片机与DAC0832有三种连接方式,与三种工作方式对应,即:二级缓冲器连接方式、单级缓冲器连接方式、直通连接方式。具体连接如图5.12所示。)

DAC0832的输出为电流形式,当需要转换为电压输出时,可外接运算放大器。

2) LM324

LM324为四运放集成电路,采用14脚双列直插塑料封装,内部有四组运算放大器,有相位补偿电路。LM324电路功耗很小,工作电压范围宽,可用正电源3~30 V,或正负双电源±1.5 V~±15 V工作。它的输入电压可低到地电位,而输出电压范围为0~V_{CC}。它的四组运算放大器形式完全相同,除电源共用外,四组运算放大器相互独立。LM324的引脚分布如图 5.13 所示。与 LM324 同系列的还有 LM124 和 LM224，它们的引脚功能及内部电路完全一致，区别在于 LM124 是军用品，LM224 为工业用品，而 LM324 为民用品。

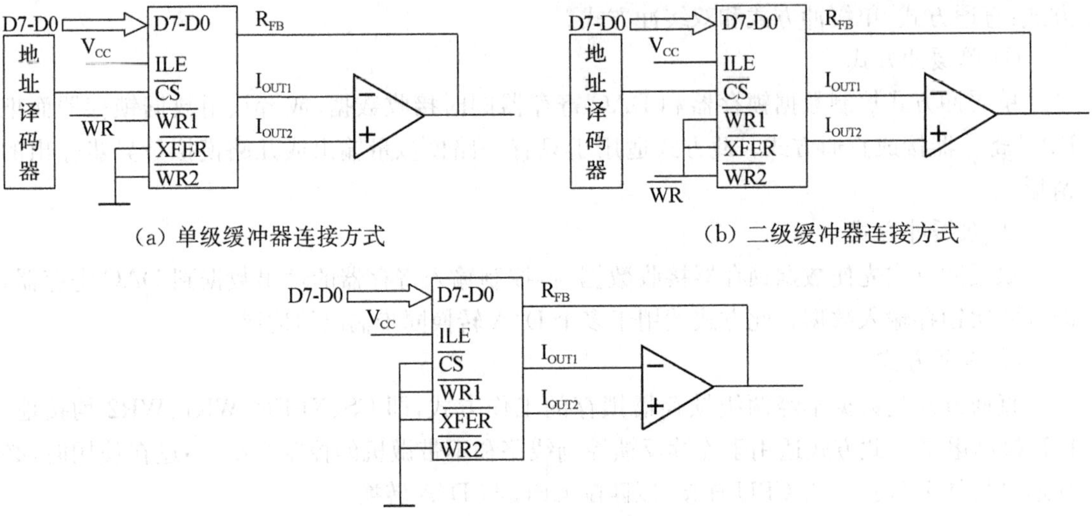

(a) 单级缓冲器连接方式　　(b) 二级缓冲器连接方式

(c) 直通连接方式

图 5.12　DAC0832 与单片机的连接方式

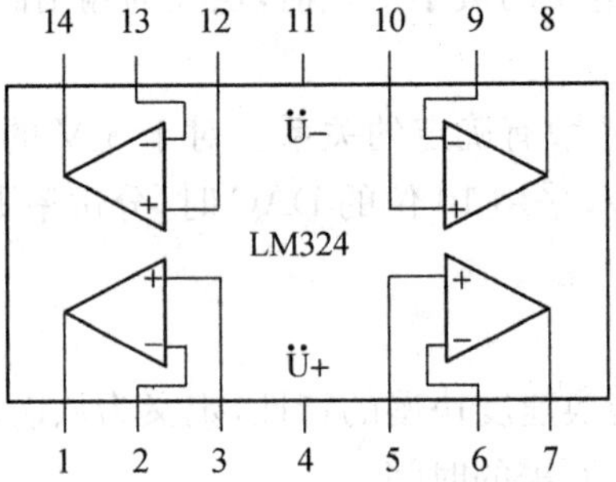

图 5.13　LM324 的引脚分布图

背景知识

1　方波

方波波形如图 5.14 所示，高电平和低电平的幅值一样大，高电平和低电平的持续时间一样。因此，要产生这样的波形，只要单片机循环输出高、低电平，且高、低电平持续时间一致即可。方波的幅值为 2.5 V，周期根据需要调整。

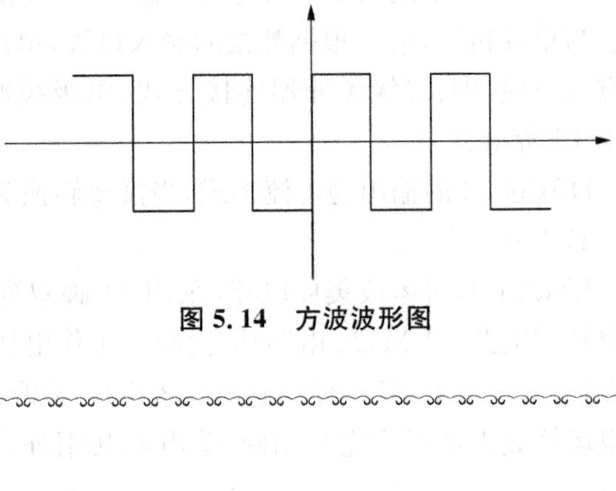

图 5.14　方波波形图

2　正弦波

正弦波波形如图5.15所示。由于DAC0832是8位的D/A转换器，所以正弦波在一个周期内的采样点数最大为256，一个正弦波的周期360度分成256份，那么每份就是360÷256=1.406 25度，这样可以计算出256个点中每个点对应的角度值。有了角度值就可以算出角度对应的正弦值，利用正弦值和单片机输出最大数字值(maxnum)，就可以计算出对应D/A转换器输入的数值了。计算公式如下：

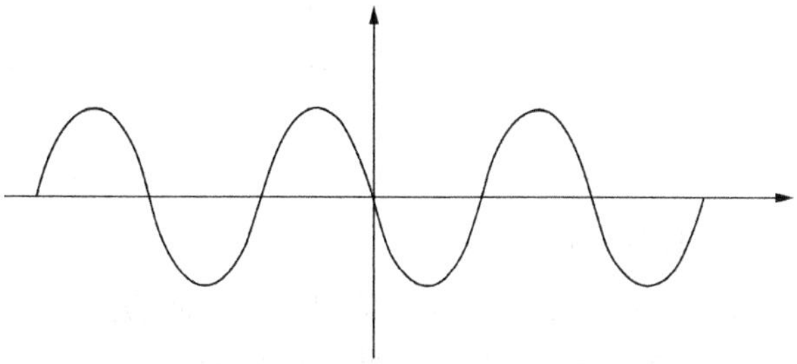

图5.15　正弦波波形图

$$sin\_tab[i]=(maxnum/2)\times \sin(x)+(maxnum/2) \quad (5.1)$$

式中，sin_tab[i]表示正弦波数据组；i代表某点；x为角度；(maxnum/2)为正弦波0点处对应的D/A转换器输入值，即D/A转换器满量程的一半。

根据公式5.1算出各个点的值存入数组，单片机循环输出数组的数据到D/A转换器就可以得到正弦波。正弦波的峰峰值为5 V，周期可以通过延时适当调整。

3　三角波

三角波波形如图5.16所示，三角波的特点是信号渐渐增大到最大值，然后从最大值再渐渐减小到最小值，循环反复。因此，要产生这样的波形，需要单片机输出的数字量从0渐渐增大到最大值，再从最大值渐渐减小到最小值，每次变化一个数字量。由于AT89C51单片机是8位的，故输出的数字量先为0～255，然后为255～0，循环输出。三角波的峰峰值为5 V，周期可以根据需要调整。

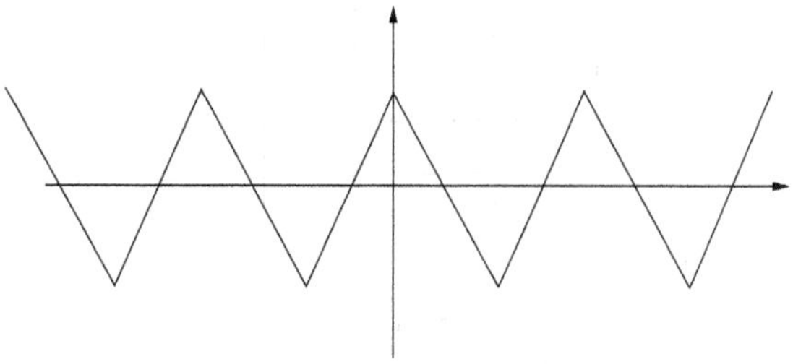

图5.16　三角波波形图

4　锯齿波

锯齿波波形如图5.17所示，锯齿波有两种形式：一种是先直线上升到最大值，随后逐渐降落，再上升，然后逐渐降落，如此反复；另一种是先逐渐上升到最大值，随后陡落，再逐渐上升，然后陡落，如此反复。因此，要产生这样的波形，需要单片机输出的数字量从0变为最大值，然后从最大值渐渐减小到0；或者需要单片机输出的数字量从0渐渐增大到最大值，然后从最大值变为0，每次变化一个数字量。由于AT89C51单片机是8位的，故输出的数字量为0～255，或者为255～0，循环输出。锯齿波相当于三角波的一半，具有类似锯子一样的波形，因此命名为锯齿波。锯齿波峰值为5 V，周期可以根据需要调整。

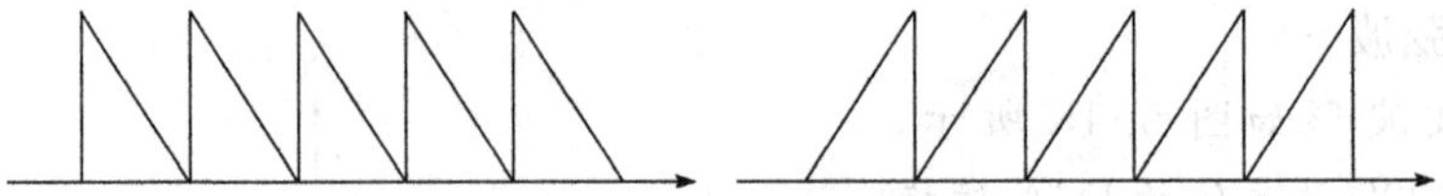

图 5.17 锯齿波波形图

2 连接电路

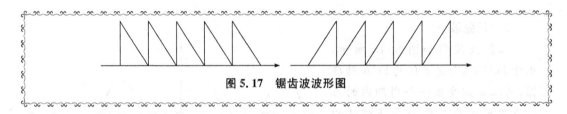

1）DAC0832 与单片机采用二级缓冲器连接

图 5.18 为采用二级缓冲器连接的简易信号发生器电路原理图，图中 DAC0832 作为单片机的外部寄存器。因为 P2.7 端口控制 DAC0832 的片选信号，当片选有效即 P2.7 为低电平时，可以对 DAC0832 数据锁存器进行写数据操作，故 DAC0832 的寄存器地址为 0x7FFF，向该地址写入数据，即将数据写入 DAC0832 的数据锁存器中。在该连接方式下，DAC0832 的电流输出信号经过运算放大器转换为电压信号，波形最终通过信号发生器进行显示。

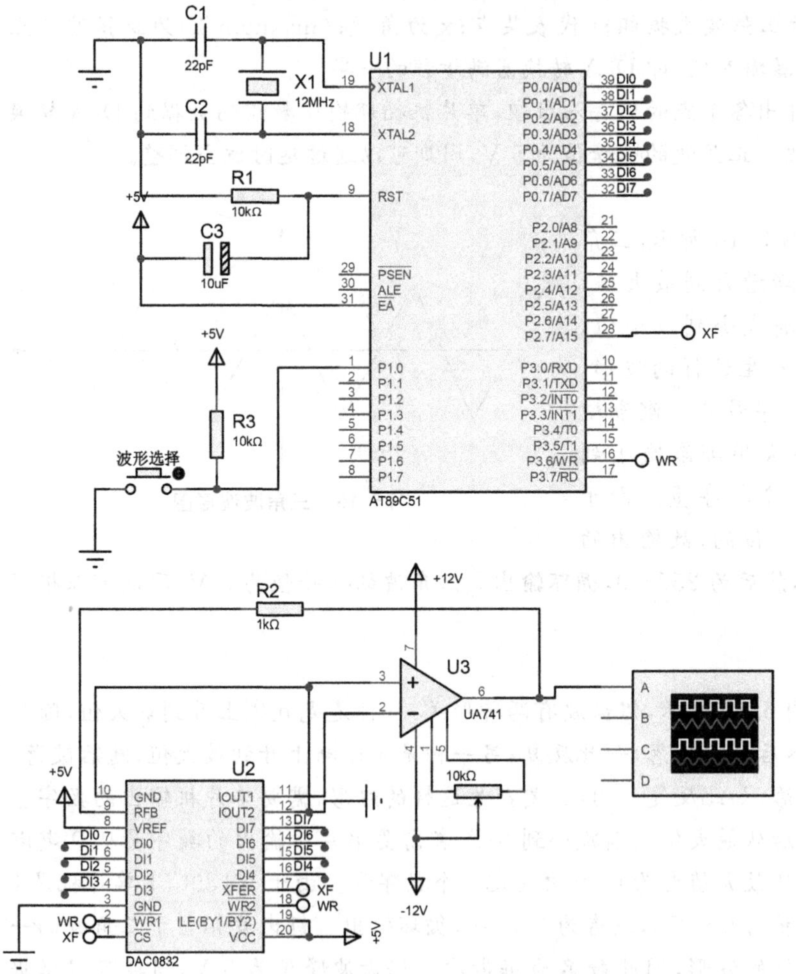

图 5.18 简易信号发生器电路原理图(二级缓冲器连接)

电路连接

通电运行，默认输出正弦波，通过波形选择键控制输出波形类型：第 1 次按波形选择键，波形变为方波；第 2 次按波形选择键，波形变为三角波；第 3 次按波形选择键，波形变为锯齿波；第 4 次按波形选择键，波形重新变为正弦波；再次按键，则重复上述波形。扫描上页二维码，查看电路连接。

2）DAC0832 与单片机采用单级缓冲器连接

单片机与 DAC0832 采用单级缓冲器连接方式的电路原理图如图 5.19 所示。与图 5.18 相比，只有 DAC0832 的 17 脚和 18 脚的连接方式不同，该方式的工作原理与二级缓冲器连接方式一样，这里不再赘述。扫描下方二维码，查看电路连接。

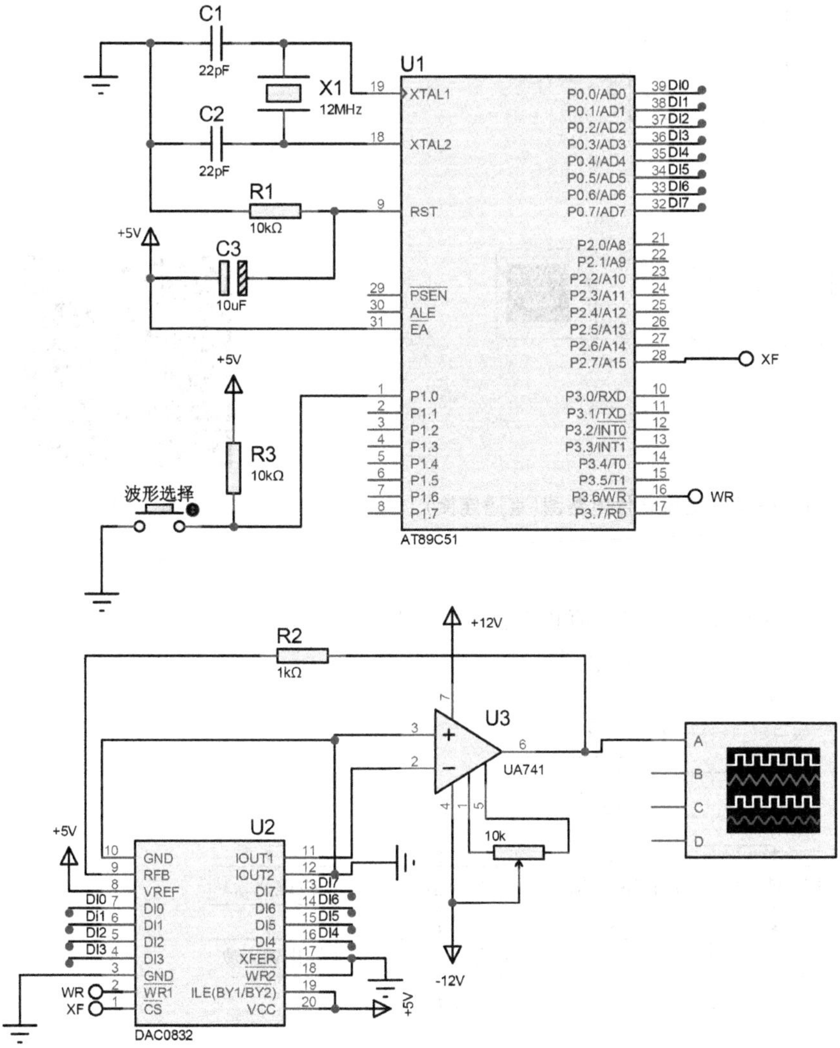

图 5.19　简易信号发生器电路原理图（单级缓冲器连接）

电路连接

3）DAC0832 与单片机采用直通连接

单片机与 DAC0832 采用直通连接方式的电路原理图如图 5.20 所示，在该连接方式下，DAC0832 的 1 脚、2 脚、17 脚和 18 脚全部接地，直接选通 DAC0832，数据通过 P0 口送入

DAC0832，但是 P0 口要增加上拉电阻。DAC0832 转换后的数据处理电路与之前的相同，此处不再赘述。扫描下方二维码，查看电路连接。

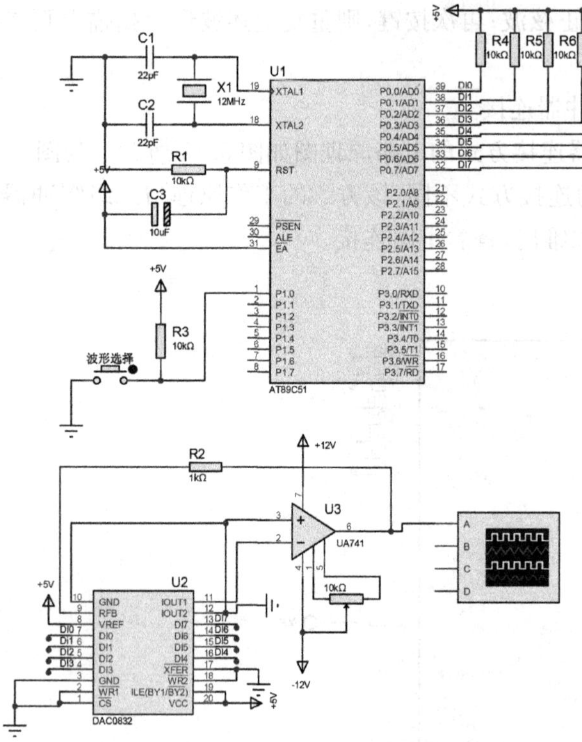

图 5.20　简易信号发生器硬件电路图(直通连接)

电路连接

3　编写代码

根据硬件电路工作原理，设计主程序流程图如图 5.21 所示。

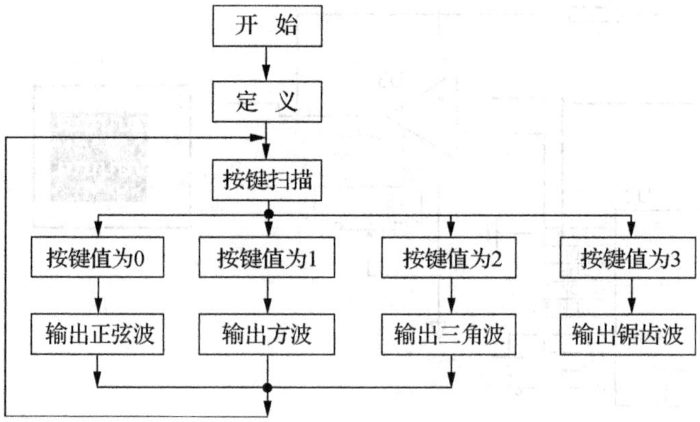

图 5.21　主程序流程图

程序的设计思路是：首先进行相关定义，主要是定义 DAC0832 的地址、按键端口和按键变量、正弦波波形数据；然后进入主函数，在主函数的主循环里，进行按键扫描，根据按键变量值输出不同波形，可以循环输出正弦波、方波、三角波和锯齿波 4 种波形。

1）DAC0832与单片机采用二级/单级缓冲器连接方式

DAC0832与单片机采用单级缓冲器连接与采用二级缓冲器连接时的软件程序控制是一样的，程序编写如下：

```
#include <reg51.h>
#include <absacc.h>
#defineuchar unsigned char
#defineuint unsigned int
#define DAC0832XBYTE[0x7FFF]
uchar flag;
sbit key= P1^0;
uchar code sine_tab[]={
0x80,0x83,0x86,0x89,0x8d,0x90,0x93,0x96,0x99,0x9c,0x9f,
0xa2,0xa5,0xa8,0xab,0xae,0xb1,0xb4,0xb7,0xba,0xbc,0xbf,
0xc2,0xc5,0xc7,0xca,0xcc,0xcf,0xd1,0xd4,0xd6,0xd8,0xda,
0xdd,0xdf,0xe1,0xe3,0xe5,0xe7,0xe9,0xea,0xec,0xee,0xef,
0xf1,0xf2,0xf4,0xf5,0xf6,0xf7,0xf8,0xf9,0xfa,0xfb,0xfc,
0xfd,0xfd,0xfe,0xff,0xff,0xff,0xff,0xff,0xff,
0xff,0xff,0xff,0xff,0xff,0xff,0xfe,0xfd,0xfd,0xfc,0xfb,
0xfa,0xf9,0xf8,0xf7,0xf6,0xf5,0xf4,0xf2,0xf1,0xef,0xee,
0xec,0xea,0xe9,0xe7,0xe5,0xe3,0xe1,0xde,0xdd,0xda,0xd8,
0xd6,0xd4,0xd1,0xcf,0xcc,0xca,0xc7,0xc5,0xc2,0xbf,0xbc,
0xba,0xb7,0xb4,0xb1,0xae,0xab,0xa8,0xa5,0xa2,0x9f,0x9c,
0x99,0x96,0x93,0x90,0x8d,0x89,0x86,0x83,0x80,
0x80,0x7c,0x79,0x76,0x72,0x6f,0x6c,0x69,0x66,0x63,0x60,
0x5d,0x5a,0x57,0x55,0x51,0x4e,0x4c,0x48,0x45,0x43,0x40,
0x3d,0x3a,0x38,0x35,0x33,0x30,0x2e,0x2b,0x29,0x27,0x25,
0x22,0x20,0x1e,0x1c,0x1a,0x18,0x16,0x15,0x13,0x11,0x10,
0x0e,0x0d,0x0b,0x0a,0x09,0x08,0x07,0x06,0x05,0x04,0x03,
0x02,0x02,0x01,0x00,0x00,0x00,0x00,0x00,0x00,
0x00,0x00,0x00,0x00,0x00,0x00,0x01,0x02,0x02,0x03,0x04,
0x05,0x06,0x07,0x08,0x09,0x0a,0x0b,0x0d,0x0e,0x10,0x11,
0x13,0x15,0x16,0x18,0x1a,0x1c,0x1e,0x20,0x22,0x25,0x27,
0x29,0x2b,0x2e,0x30,0x33,0x35,0x38,0x3a,0x3d,0x40,0x43,
0x45,0x48,0x4c,0x4e,0x51,0x55,0x57,0x5a,0x5d,0x60,0x63,
0x66,0x69,0x6c,0x6f,0x72,0x76,0x79,0x7c,0x80
};
void delayms(uint ms); //定义延时函数
void keyscan();//定义按键扫描函数
void sine();//定义正弦波产生函数
void sjb();//定义三角波产生函数
void fb();//定义方波产生函数
void jcb();//定义锯齿波产生函数
//主程序
void main()
{
   while(1)
```

```
    {
      keyscan();//按键扫描
      if(flag==0)
      {
        sine();//输出正弦波
      }
      if(flag==1)
      {
        fb();//输出方波
      }
      if(flag==2)
      {
        sjb();//输出三角波
      }
      if(flag==3)
      {
        jcb();//输出锯齿波
      }
    }
}
//延时函数
void delayms(uint ms)
{
  uchar t;
  while(ms--)for(t=0;t<120;t++);
}
//正弦波产生函数
void sine()
{
  uchar i;
  for(i=0;i<255;i++)
  {
    DAC0832=sine_tab[i];
    delayms(1);
  }
}
//三角波产生函数
void sjb()
{
  uchar i,j;
  for(i=0;i<255;i++)
  {
    DAC0832=i;
    delayms(1);
  }
  for(j=255;j>0;j--)
  {
    DAC0832=j;
    delayms(1);
```

```
  }
}
//方波产生函数
void fb()
{
  DAC0832=0xff;
  delayms(100);
  DAC0832=0x00;
  delayms(100);
}
//锯齿波产生函数
void jcb()
{
  uchar j;
  for(j=255;j>0;j--)
  {
    DAC0832=j;
    delayms(1);
  }
}
//按键扫描函数
void keyscan()
{
  if(key==0)
  {
    while(! key)
    {
      DAC0832=0x00;
    }
    flag++;
    if(flag==4)
    {
      flag=0;
    }
  }
}
```

打开 Keil 软件,新建工程并命名为"DAC0832_1",在工程中添加"DAC0832_1. c"文件,将程序代码输入该文件中并保存,编译无误后生成. hex 文件,如图 5.22 所示。扫描下方二维码,查看完整代码。

图 5.22　程序编译无误

本节代码

2）DAC0832 与单片机采用直通连接方式时的程序

DAC0832 与单片机采用直通连接方式时，其软件编程思想与采用缓冲器连接方式时是一样的，但是输出数据时则由单片机 P0 口直接输出给 DAC0832，此时 DAC0832 不再当作单片机的外部寄存器。程序编写如下：

```
#include <reg51.h>
#include <absacc.h>
#define uchar unsigned char
#define uint unsigned int
uchar flag;
sbit key=P1^0;
uchar code sine_tab[256]={
0x80,0x83,0x86,0x89,0x8d,0x90,0x93,0x96,0x99,0x9c,0x9f,
0xa2,0xa5,0xa8,0xab,0xae,0xb1,0xb4,0xb7,0xba,0xbc,0xbf,
0xc2,0xc5,0xc7,0xca,0xcc,0xcf,0xd1,0xd4,0xd6,0xd8,0xda,
0xdd,0xdf,0xe1,0xe3,0xe5,0xe7,0xe9,0xea,0xec,0xee,0xef,
0xf1,0xf2,0xf4,0xf5,0xf6,0xf7,0xf8,0xf9,0xfa,0xfb,0xfc,
0xfd,0xfd,0xfe,0xff,0xff,0xff,0xff,0xff,0xff,
0xff,0xff,0xff,0xff,0xff,0xff,0xfe,0xfd,0xfd,0xfc,0xfb,
0xfa,0xf9,0xf8,0xf7,0xf6,0xf5,0xf4,0xf2,0xf1,0xef,0xee,
0xec,0xea,0xe9,0xe7,0xe5,0xe3,0xe1,0xde,0xdd,0xda,0xd8,
0xd6,0xd4,0xd1,0xcf,0xcc,0xca,0xc7,0xc5,0xc2,0xbf,0xbc,
0xba,0xb7,0xb4,0xb1,0xae,0xab,0xa8,0xa5,0xa2,0x9f,0x9c,
0x99,0x96,0x93,0x90,0x8d,0x89,0x86,0x83,0x80,
0x80,0x7c,0x79,0x76,0x72,0x6f,0x6c,0x69,0x66,0x63,0x60,
0x5d,0x5a,0x57,0x55,0x51,0x4e,0x4c,0x48,0x45,0x43,0x40,
0x3d,0x3a,0x38,0x35,0x33,0x30,0x2e,0x2b,0x29,0x27,0x25,
0x22,0x20,0x1e,0x1c,0x1a,0x18,0x16,0x15,0x13,0x11,0x10,
0x0e,0x0d,0x0b,0x0a,0x09,0x08,0x07,0x06,0x05,0x04,0x03,
0x02,0x02,0x01,0x00,0x00,0x00,0x00,0x00,0x00,
0x00,0x00,0x00,0x00,0x00,0x00,0x01,0x02,0x02,0x03,0x04,
0x05,0x06,0x07,0x08,0x09,0x0a,0x0b,0x0d,0x0e,0x10,0x11,
0x13,0x15,0x16,0x18,0x1a,0x1c,0x1e,0x20,0x22,0x25,0x27,
0x29,0x2b,0x2e,0x30,0x33,0x35,0x38,0x3a,0x3d,0x40,0x43,
0x45,0x48,0x4c,0x4e,0x51,0x55,0x57,0x5a,0x5d,0x60,0x63,
0x66,0x69,0x6c,0x6f,0x72,0x76,0x79,0x7c,0x80
};
void delayms(uint ms);//定义延时函数
void keyscan();//定义按键扫描函数
void sin();//定义正弦波产生函数
void sjb();//定义三角波产生函数
void fb();//定义方波产生函数
void jcb();//定义锯齿波产生函数
//主程序
void main()
{
  while(1)
```

```
  {
    keyscan();
    if(flag==0)
    {
      sin();
    }
    if(flag==1)
    {
      fb();
    }
    if(flag==2)
    {
      sjb();
    }
    if(flag==3)
    {
      jcb();
    }
  }
}
//延时函数
void delayms(uint ms)
{
  uchar t;
  while(ms--)for(t=0;t<120;t++);
}
//正弦波产生函数
void sin()
{
  uchar i;
  for(i=0;i<255;i++)
  {
    P0= sine_tab[i];//向 P0 口赋值
    delayms(1);
  }
}
//三角波产生函数
void sjb()
{
  uchar i,j;
  for(i=0;i<255;i++)
  {
    P0=i;
    delayms(1);
  }
  for(j=255;j>0;j--)
  {
    P0=j;
    delayms(1);
  }
```

```
}
//方波产生函数
void fb()
{
  P0=0xff;
  delayms(100);
  P0=0x00;
  delayms(100);
}
//锯齿波产生函数
void jcb()
{
  uchar j;
  for(j=0;j<255;j++)
  {
    P2=j;
    delayms(1);
  }
}
//按键扫描函数
void keyscan()
{
  if(key==0)
  {
    while(!key)
    {
      P0=0x00;
    }
    flag++;
    if(flag==4)
    {
      flag=0;
    }
  }
}
```

打开 Keil 软件，新建工程并命名为“DAC0832_2”，在工程中添加“DAC0832_2. c”文件，将程序代码输入该文件中并保存，编译无误后生成. hex 文件，如图 5. 23 所示。扫描下方二维码，查看完整代码。

图 5. 23 程序编译无误

本节代码

4　下载程序并测试

将程序代码下载到单片机中，示波器上能正常显示正弦波、方波、三角波和锯齿波。请扫描右方二维码，查看实验效果。

实验效果

5　任务扩展

除了选用 DAC0832 作为 D/A 转换器外，还可以采用 DAC0808 实现简易信号发生器。DAC0808 是 8 位数模转换集成芯片，电流输出，稳定时间为 150 ns，驱动电压为±5 V，功耗为 33 mW。DAC0808 可以直接和 TTL、DTL 和 CMOS 逻辑电平相兼容。DAC0808 的双列直插式外形及引脚分布如图 5.24 所示，各引脚功能说明如下：

① A1～A8：8 位并行数据输入端（A1 为最高位，A8 为最低位）。

② V_{REF}(＋)：正向参考电压（需要加电阻）。

③ V_{REF}(－)：负向参考电压，接地。

④ I_{OUT}：电流输出端。

⑤ V_{EE}：负电压输入端。

⑥ COMPENSATION：补偿端，与 V_{EE} 之间接电容（R_{14} ＝5 kΩ 时，R_{14} 为 14 引脚的外接电阻），一般为 0.1 μF，电容必须随着 R_{14} 的增加而适当增加。

⑦ GND：接地端。

⑧ V_{CC}：电源端。

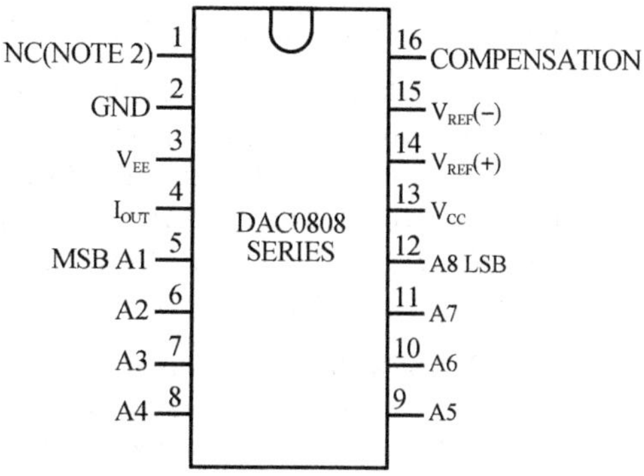

图 5.24　DAC0808 引脚分布

图 5.25 为采用 DAC0808 的简易信号发生器电路原理图，图中集成芯片的电源和地引脚隐藏。DAC0808 与单片机采用直通方式连接，单片机的 P2 口与 DAC0808 的 8 位数据输入端连接，转换后的电流信号经过运算放大器转换成电压信号进行输出。

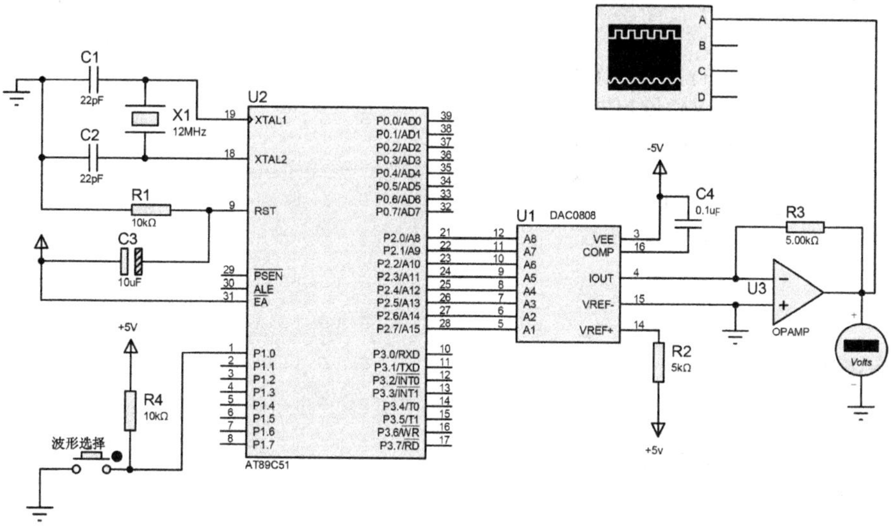

图 5.25　简易信号发生器电路原理图(DAC0808)

采用 DAC0808 的软件编程思想与采用 DAC0832 时是一样的，程序编写如下：

```
#include <reg51.h>
#define uint unsigned int
#define uchar unsigned char
uchar flag;
sbit key=P1^0;
uchar code sine_tab[256]={
0x80,0x83,0x86,0x89,0x8d,0x90,0x93,0x96,0x99,0x9c,0x9f,
0xa2,0xa5,0xa8,0xab,0xae,0xb1,0xb4,0xb7,0xba,0xbc,0xbf,
0xc2,0xc5,0xc7,0xca,0xcc,0xcf,0xd1,0xd4,0xd6,0xd8,0xda,
0xdd,0xdf,0xe1,0xe3,0xe5,0xe7,0xe9,0xea,0xec,0xee,0xef,
0xf1,0xf2,0xf4,0xf5,0xf6,0xf7,0xf8,0xf9,0xfa,0xfb,0xfc,
0xfd,0xfd,0xfe,0xff,0xff,0xff,0xff,0xff,0xff,

0xff,0xff,0xff,0xff,0xff,0xff,0xfe,0xfd,0xfd,0xfc,0xfb,
0xfa,0xf9,0xf8,0xf7,0xf6,0xf5,0xf4,0xf2,0xf1,0xef,0xee,
0xec,0xea,0xe9,0xe7,0xe5,0xe3,0xe1,0xde,0xdd,0xda,0xd8,
0xd6,0xd4,0xd1,0xcf,0xcc,0xca,0xc7,0xc5,0xc2,0xbf,0xbc,
0xba,0xb7,0xb4,0xb1,0xae,0xab,0xa8,0xa5,0xa2,0x9f,0x9c,
0x99,0x96,0x93,0x90,0x8d,0x89,0x86,0x83,0x80,

0x80,0x7c,0x79,0x76,0x72,0x6f,0x6c,0x69,0x66,0x63,0x60,
0x5d,0x5a,0x57,0x55,0x51,0x4e,0x4c,0x48,0x45,0x43,0x40,
0x3d,0x3a,0x38,0x35,0x33,0x30,0x2e,0x2b,0x29,0x27,0x25,
0x22,0x20,0x1e,0x1c,0x1a,0x18,0x16,0x15,0x13,0x11,0x10,
0x0e,0x0d,0x0b,0x0a,0x09,0x08,0x07,0x06,0x05,0x04,0x03,
0x02,0x02,0x01,0x00,0x00,0x00,0x00,0x00,0x00,

0x00,0x00,0x00,0x00,0x00,0x00,0x01,0x02,0x02,0x03,0x04,
0x05,0x06,0x07,0x08,0x09,0x0a,0x0b,0x0d,0x0e,0x10,0x11,
0x13,0x15,0x16,0x18,0x1a,0x1c,0x1e,0x20,0x22,0x25,0x27,
0x29,0x2b,0x2e,0x30,0x33,0x35,0x38,0x3a,0x3d,0x40,0x43,
0x45,0x48,0x4c,0x4e,0x51,0x55,0x57,0x5a,0x5d,0x60,0x63,
0x66,0x69,0x6c,0x6f,0x72,0x76,0x79,0x7c,0x80

};
void Delayms(uint ms);//定义延时函数
void Keyscan();//定义按键扫描函数
void Sin();//定义正弦波产生函数
void Sjb();//定义三角波产生函数
void Fb();//定义方波产生函数
void Jcb();//定义锯齿波产生函数
//主程序
void main()
{
    P2=0x00;
    while(1)
    {
      Keyscan();//按键扫描
      if(flag==0)
      {
```

```
      Sin();//正弦波
    }
    if(flag==1)
    {
      Fb();//方波
    }
    if(flag==2)
    {
      Sjb();//三角波
    }
    if(flag==3)
    {
      Jcb();//锯齿波
    }
  }
}
//延时函数
void Delayms(uint ms)
{
  uchar t;
  while(ms--)for(t=0;t<120;t++);
}
//正弦波产生函数
void Sin()
{
  uchar i;
  for(i=0;i<255;i++)
  {
    P2=sine_tab[i];
    Delayms(1);
  }
}
//三角波产生函数
void Sjb()
{
  uchar i,j;
  for(i=0;i<255;i++)
  {
    P2=i;
    Delayms(1);
  }
  for(j=255;j>0;j--)
  {
    P2=j;
    Delayms(1);
  }
}
//方波产生函数
void Fb()
```

```
{
  P2=0xff;
  Delayms(100);
  P2=0x00;
  Delayms(100);
}
//锯齿波产生函数
void Jcb()
{
  uchar j;
  for(j=0;j<255;j++)
  {
    P2=j;
    Delayms(1);
  }
}
//按键扫描函数
void Keyscan()
{
  if(key==0)
  {
    while(!key)
    {
      P2=0x00;
    }
    flag++;
    if(flag==4)
    {
      flag=0;
    }
  }
}
```

项目 6　串行通信技术应用

引言

本项目通过 LED 灯远程控制任务，介绍了单片机与单片机之间的串行通信应用；通过模拟交通信号灯远程控制任务，介绍了单片机与计算机之间的串行通信应用。每个任务之后都有扩展练习，教学过程中实现了“学、教、做”相融合，理论与实践相统一。

项目目标

- 了解串行接口的结构与原理
- 熟悉串行接口的 4 种工作方式及编程方法
- 熟悉串行接口的应用

项目任务

- LED 灯的远程控制
- 模拟交通信号灯的远程控制

项目相关知识

1　串行通信的基础知识

数据通信的基本方式可分为并行通信与串行通信两种。

并行通信利用多条数据传输线将一个数据的各位同时传送。发送端将数据的各位通过并行数据线传送到接收端，接收端以并行数据传输线接收数据。在并行通信中，数据传送线的条数与传送的数据位数相等。并行通信方式如图 6.1 所示。

并行通信的特点是：占用数据线条数较多、传输速度快，成本较高，主要用于近距离数据通信。

串行通信将数据逐位按顺序传送，通过串行口实现。在全双工的串行通信中，仅需要一条发送数据线和一条接收数据线。串行通信方式如图 6.2 所示。

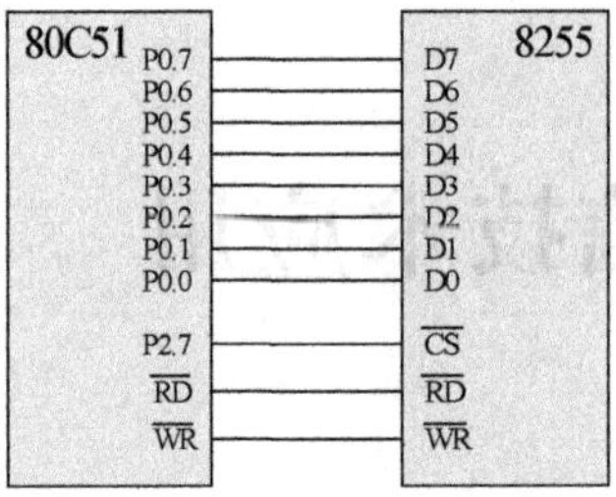

图 6.1 并行通信示意图

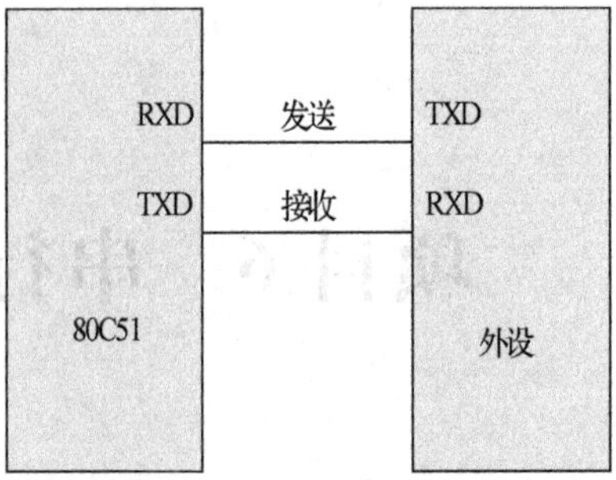

图 6.2 串行通信示意图

串行通信的特点是：占用数据线条数较少、传输速度慢，适合远距离数据通信。

串行通信因其使用简单、成本低、适应大规模远距离数据传输等特点而得到广泛的应用，尤其是在现代物联网应用领域，很多设备采用串行通信方式进行连接与通信。

2 串行通信的分类

串行通信根据数据传送时编码格式的不同分为两种，即同步串行通信和异步串行通信。

同步串行通信要求通信双方的时钟频率必须相同，一般通过共享一个时钟源或定时脉冲源使发送端和接收端同步，效率较高。

异步串行通信不要求通信双方同步，发送端和接收端的时钟各自独立，双方的通信基于异步通信协议，以字符帧为基本单位。发送端发送字符的时间间隔不确定，传输效率低于同步方式。

1）同步通信(Synchronous Communication)

同步通信是一种连续传送数据的通信方式，即数据以数据块为单位传送。在数据传送之前先传送同步字符(常约定 1 个或 2 个字符)，并由时钟实现发送端和接收端同步。

同步通信的数据帧由三部分组成，如图 6.3 所示。

① 同步字符，作为一个数据帧的起始标志；

② 若干个连续传送的数据字符；

③ 校验字符，作为一个数据帧的结束标志。

同步字符	数据字符 1	数据字符 2	……	数据字符 $n-1$	数据字符 n	检验字符

图 6.3 同步串行通信的数据帧格式

2）异步通信(Asynchronous Communication)

在异步通信中，数据是不连续传送的，通常是按字符以数据帧的形式进行传送，每个字符的传送可以连续也可以间断。

异步通信的数据帧由起始位、数据位、奇偶校验位和停止位 4 个部分组成，如图 6.4 所示。

① 起始位：1 位，规定为低电平(即 0)；

② 数据位：5～8 位，即传送的有效信息；

③ 奇偶校验位：1 位，校验传输的准确性；

④ 停止位：1 位，规定为高电平(即 1)。

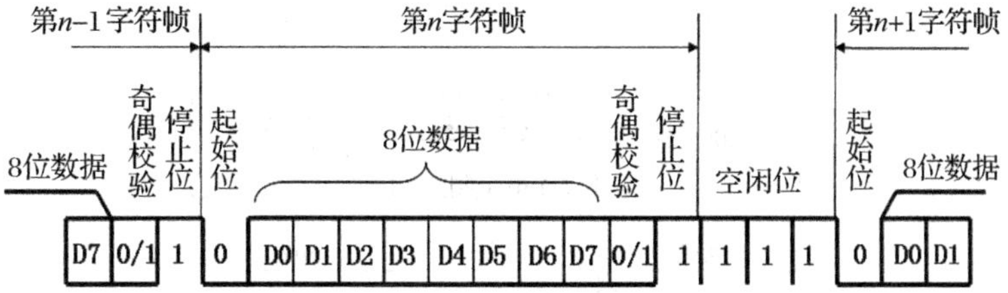

图 6.4　异步串行通信的数据帧格式

3）串行通信的波特率

在串行通信中，反映串行通信速率的物理量为波特率(Baud Rate)，定义为每秒传送二进制数的位数，单位为位/秒，记作 b/s。

例如，波特率为 1 200 b/s 是指每秒传输 1 200 位二进制数；又如，若数据传输速率为 500 字符/秒，每个字符又包含 10 位，则波特率为：

500 字符/秒×10 位/字符＝5 000 b/s

4）串行通信的校验

通信的目的不只是传输数据信息，更重要的是确保信息传输的准确性。因此，必须考虑通信过程中数据差错的校验。校验方法有奇偶校验、代码和校验以及循环冗余码校验等。

奇偶校验的特点是按字符校验，即在发送每个字符数据之后都附加一位奇偶校验位(1 或 0)，当设置为奇校验时，数据中 1 的个数与校验位 1 的个数之和应为奇数；反之，则为偶校验。收、发双方应具有一致的差错检验设置，当接收完一帧字符数据时，对 1 的个数进行检验，若奇偶性(收、发双方)一致则说明数据传输是正确的。奇偶校验只能检测到影响奇偶位数的错误，比较简单，一般只用在异步通信中。

代码和校验是指发送端将所发送的数据块求和(校验和)，并将校验和附加到数据块末尾。接收端接收数据时也是先对数据块求和，将所得结果与发送端的校验和进行比较，若两者相同，表示传输正确；若不同，则表示传输出了差错。校验和的加法运算可用逻辑加，也可用算术加。

循环冗余码校验(CRC)的基本原理是将一个数据块看成一个位数很长的二进制数，然后用一个特定的数去除它，将余数作为校验码附在数据块之后一起发送。接收端收到该数据块和校验码后，进行同样的运算来校验传输是否出错。目前 CRC 已广泛用于数据存储和数据通信中，并在国际上形成规范，市面上已有不少现成的 CRC 软件算法。

3　串行通信的制式

串行通信通过单条数据线传输信息，根据信息的传送方向，串行通信可以分为三种制式，即单工制式、半双工制式和全双工制式，如图 6.5 所示。

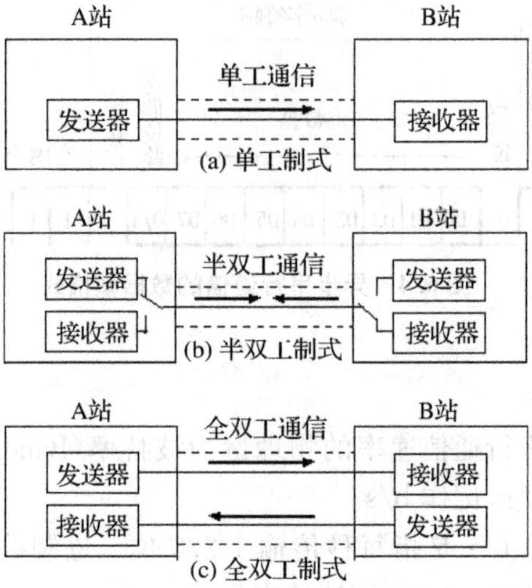

图 6.5 串行通信的制式

1）单工制式

单工制式指数据只能单方向传输。通信双方只具有发送数据或接收数据一种功能，一方固定为发送端，另一方固定为接收端，使用一条数据线。单工制式一般用在只向一个方向传输数据的场合。例如，计算机与打印机之间的通信就是单工制式。

2）半双工制式

半双工制式指使用一条数据线进行双向数据传输。在此制式下，发送端、接收端均可发送数据和接收数据，但不能同时进行。

3）全双工制式

全双工制式是通信双方能够同时进行数据的发送和接收，使用两条数据线，分别进行数据的发送和接收。全双工制式通信的信息传输效率较高。MCS-51 系列单片机的串行口属于全双工串行口。

任务 6.1 LED 灯的远程控制

任务目标

- ➢ 了解单片机串行接口的结构、工作方式的设定等相关知识
- ➢ 掌握单片机串行接口的使用和编程方法

任务内容

- ➢ 连接 LED 灯远程控制的硬件电路
- ➢ 设计 LED 灯远程控制的软件程序

任务相关知识

MCS-51 系列单片机内部有一个可编程全双工的串行口。该部件不仅能同时进行数据的发送和接收，也可作为一个同步移位寄存器使用，其内部结构如图 6.6 所示。

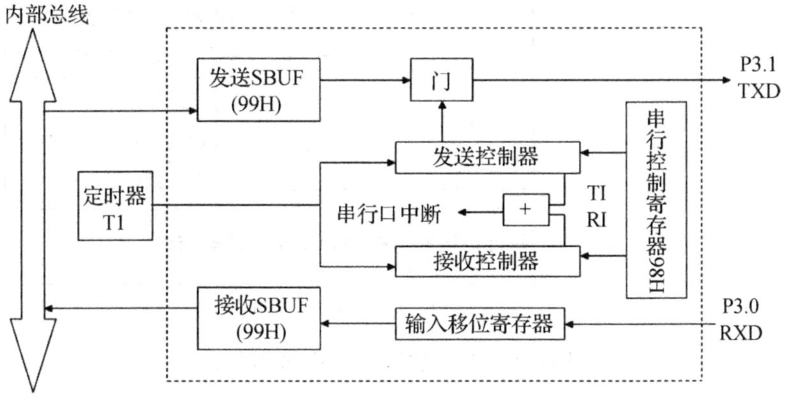

图 6.6　MCS-51 系列单片机串行口的内部结构

1　串行口数据寄存器 SBUF

串行口数据寄存器 SBUF 是一个 8 位寄存器，位于单片机的特殊功能寄存器区，字节地址为 99H。它用于存放将要发送或接收到的数据。在物理上，它对应两个寄存器，一个是发送寄存器，一个是接收寄存器，它们共用一个地址。

```
SBUF= data;//发送数据
```

表示将发送数据写入发送寄存器，同时也启动数据按一定的波特率发送。

```
buffer= SBUF;//接收数据
```

表示将接收到的数据从接收寄存器读到数据缓冲区(用户设定)。

2　串行口控制寄存器 SCON

串行口控制寄存器 SCON 是一个 8 位寄存器，图 6.7 是 SCON 的数据结构。SCON 位于单片机的特殊功能寄存器区，字节地址为 98H，它既可以进行位寻址，也可以进行字节寻址，用于控制和检测串行端口的工作状态。

3　串行口的工作方式

MCS-51 系列单片机的串行口有 4 种工作方式，分别是工作方式 0、工作方式 1、工作方式 2 和工作方式 3，由串行控制寄存器 SCON 中的 SM0、SM1 位决定。

1) 工作方式 0

工作方式 0 以 8 位数据为一帧进行传输，不设起始位和停止位，先发送或接收最低位。工作方式 0 下数据帧的格式如图 6.8 所示。

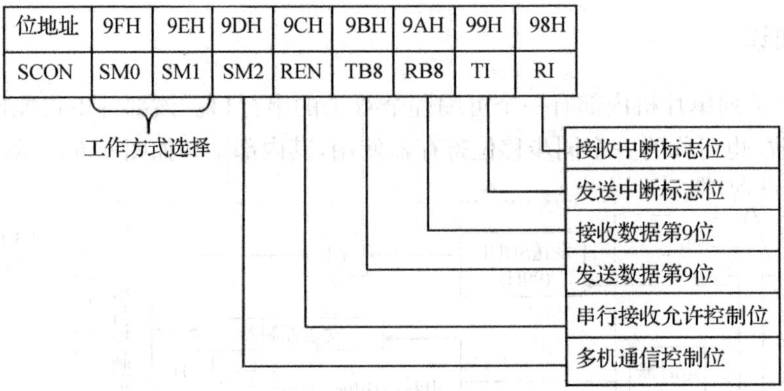

图 6.7　串行口控制寄存器 SCON 的数据结构

…	D0	D1	D2	D3	D4	D5	D6	D7	…

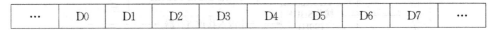

图 6.8　工作方式 0 下的数据帧格式

在工作方式 0 下，串行口为 8 位同步移位寄存器输入/输出方式，波特率为 $f_{osc}/12$（f_{osc} 为系统晶振频率），即一个机器周期发送或接收一位数据，常用于扩展 I/O 接口。

2）工作方式 1

工作方式 1 是以 10 位数据为一帧的异步串行通信方式，一帧数据包括 1 个起始位(0)、8 个数据位和一个停止位(1)，如图 6.9 所示。

起始位(0)	D0	D1	D2	D3	D4	D5	D6	D7	停止位(1)

图 6.9　工作方式 1 下的数据帧格式

(1) 数据发送

当 TI=0 时，执行"SBUF=data;"语句开始发送，由硬件自动加入起始位和停止位，构成一帧数据。然后，由 TXD 端串行输出。发送结束，TXD 输出线维持在"1"状态下，并将 SCON 中的 TI 位置 1，表示一帧数据发送完毕。

(2) 数据接收

当 RI=0，REN=1 时，允许接收数据。当检测到 RXD 端有从高到低的负跳变时，确认起始位有效，开始接收本帧的其余数据。数据通过 RXD 端串行输入并装入 SBUF 中。接收到结束标志后，RXD 输入线维持在"1"状态下，并将 SCON 中的 RI 位置 1，表示一帧数据接收完毕。

3）工作方式 2 和工作方式 3

工作方式 2 和工作方式 3 都是以 11 位数据为一帧的异步串行通信方式，两者的差异仅在于波特率有所不同。在这两种工作方式下，一帧数据都有 1 个起始位、9 个数据位和 1 个停止位，如图 6.10 所示。

起始位	D0	D1	D2	D3	D4	D5	D6	D7	D8	停止位

图 6.10　工作方式 2 和工作方式 3 下的数据帧格式

数据帧的第 9 个数据位 D8 由软件置 1 或清 0，发送数据时，D8 的数据存入 SCON 寄存器中的 TB8 位；接收数据时，D8 的数据存入 SCON 寄存器中的 RB8 位。

(1) 数据发送

发送数据前 TI 清 0，然后软件设置 TB8，再向 SBUF 写入 8 位数据，并以此启动串行发送。一帧数据发送完毕后，CPU 自动将 TI 置 1，其过程与工作方式 1 下相同。

(2) 数据接收

REN=1，RI=0 时，允许数据接收。

若 SM2=0，接收到的 8 位数据送入 SBUF，D8 位数据(无论 0 还是 1)送入 RB8，RI 置 1。若条件不满足，将丢失接收到的信息，RI 不置位。

4　通信双方的硬件连接

MCS-51 系列单片机之间进行双机通信时，甲机的发送端 TXD(P3.1)连接乙机的接收端 RXD(P3.0)；甲机的发送端 RXD(P3.0)连接乙机的接收端 TXD(P3.1)；甲、乙两机的地线连接在一起(共地)。双机通信的硬件连接如图 6.11 所示。

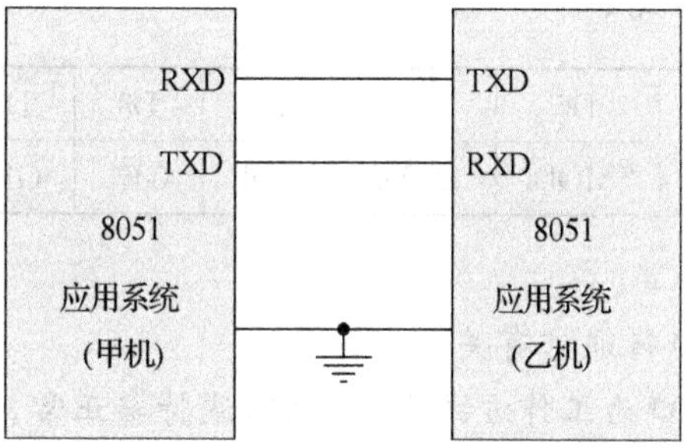

图 6.11　双机通信硬件连接

5　波特率的设计

在串行通信中，收、发双方对发送或接收的数据速率有一定的约定，通过软件对 MCS-51 系列单片机串行口编程可约定 4 种工作方式。其中，工作方式 0 和工作方式 2 的波特率是固定的，而工作方式 1 和工作方式 3 的波特率是可变的，由定时器 T1 的溢出率决定。

串行口的 4 种工作方式对应着三种波特率。由于输入的移位脉冲源不同，因此各种工作方式下的波特率计算公式也不同。

(1) 工作方式 0 的波特率

在工作方式 0 下，波特率固定为系统振荡频率的 1/12，并不受 PCON 寄存器中的 SMOD 位的影响，即

$$\text{工作方式 0 的波特率} = f_{osc}/12$$

(2) 工作方式 2 的波特率

工作方式 2 的波特率取决于 PCON 寄存器中的 SMOD 位的值：当 SMOD=0 时，波特率为 f_{osc} 的 1/64；当 SMOD=1 时，波特率为 f_{osc} 的 1/32，即

$$\text{工作方式 2 的波特率} = \frac{2^{SMOD}}{64} \times f_{osc}$$

(3) 工作方式1和工作方式3的波特率

工作方式3和工作方式1的波特率由定时器T1的溢出率与SMOD位的值共同决定,即

$$工作方式1(工作方式3)的波特率=\frac{2^{SMOD}}{32}\times T1溢出率$$

其中,T1溢出率为一次定时时间的倒数,即

$$T1溢出率=\frac{1}{(2^M-X)\times 12/f_{osc}}=\frac{f_{osc}}{(2^M-X)\times 12}$$

上式中,X为计数器初始值;M由定时器T1的工作方式所决定的计数器的位数,$M=8$、13、16。

背景知识

电源控制寄存器PCON是一个8位的寄存器,处于单片机的特殊功能寄存器区,字节地址为87H,其结构格式如下:

PCON	D7	D6	D5	D4	D3	D2	D1	D0
位符号	SMOD	SMOD0	LVDF	POF	GF1	GF0	PD	IDL

各位的定义如下:

① SMOD:该位与串行通信有关。

• SMOD=0:串行口为工作方式1、2、3时,波特率正常。

• SMOD=1:串行口为工作方式1、2、3时,波特率加倍。

② LVDF:低电压检测标志位,同时也是低电压检测中断请求标志位。

③ GF1、GF0:两个通用工作标志位,用户可以自由使用。

④ PD:掉电(Power Down)模式设定位。

• PD=0 :单片机处于正常工作状态。

• PD=1:单片机进入掉电模式 ,可由外部中断或硬件复位模式唤醒。进入掉电模式后,外部晶振停振,CPU、定时器、串行口全部停止工作,只有外部中断工作。在该模式下,只有硬件复位和上电能够唤醒单片机。

⑤ IDL:空闲模式设定位。

• IDL=0:单片机处于正常工作状态。

• IDL=1:单片机进入空闲模式,除CPU不工作外,其余仍继续工作,在空闲模式下单片机可由任意一个中断或硬件复位唤醒。

任务实施

1 连接电路

通过前面项目的学习,已经对单片机利用并行I/O接口驱动简单的输入/输出设备的方

法有了一定的了解。本任务旨在引入单片机串行接口的使用。设计 LED 灯远程控制电路，利用单片机的串行接口进行双机通信，单片机均工作在工作方式 1(10 位数据通信)，波特率由定时器 T1 提供。LED 灯远程控制电路原理图如图 6.12 所示。

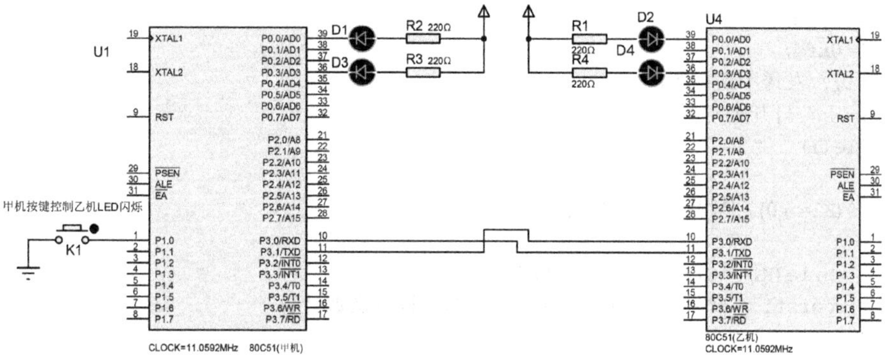

图 6.12　LED 灯远程控制电路原理图

2　编写代码

系统时钟频率为 11.059 26 MHz；利用定时器 T1 作为波特率发生器，定时器 T1 工作在工作方式 2；串行接口工作在工作方式 1；甲机为发送机，乙机为接收机，均采用查询方式编程。程序编写如下，可扫描下方二维码，查看完整代码：

本节代码

```
/***************甲机程序******************/
#include <reg52.h>
#define uint unsigned int
#define uchar unsigned char
sbit LED1=P0^0;//LED1 端口定义
sbit LED2=P0^3;//LED2 端口定义
sbit K1=P1^0;//按键端口定义
//延时函数
void Delay(uint x)
{
  uchar i;
  while(x--)
  {
    for(i=0;i<120;i++);
  }
}
//发送函数
void putc_to_SerialPort(uchar c)
{
  SBUF=c;
  while(TI==0);
  TI=0;
}
//主函数
void main()
{
```

```
    uchar Operation_NO=0;
    SCON=0x40;//设置串行接口的工作方式为工作方式1,不允许接收
    TMOD=0x20;//设置定时器T1的工作方式为工作方式2
    PCON=0x00;//波特率不倍增
    TH1=0xfd;
    TL1=0xfd;
    TI=0;//发送中断标志清0
    TR1=1;//打开定时器
    while(1)
    {
      if(K1==0)//判断开关是否按下
      {
        while(K1==0);//等待开关弹起
        Operation_NO=(Operation_NO+1)%4;//按键次数计算
      }
      switch(Operation_NO)
      {
        case 0:
            LED1=LED2=1;break;//LED1和LED2均熄灭
        case 1:
            putc_to_SerialPort('A');
            LED1=0;LED2=1;break;//LED1点亮,LED2熄灭
        case 2:
            putc_to_SerialPort('B');
            LED2=0;LED1=1;break;//LED2点亮,LED1熄灭
        case 3:
            putc_to_SerialPort('C');
            LED1=0;LED2=0;break;//LED1点亮,LED2点亮
      }
      Delay(10);
    }
}
/***************乙机程序******************/
#include <reg52.h>
#define uint unsigned int
#define uchar unsigned char
sbit LED1=P0^0;//LED1端口定义
sbit LED2=P0^3;//LED2端口定义
void Delay(uint x)//延时函数
{
  uchar i;
  while(x--)
  {
    for(i=0;i<120;i++);
  }
}
//主函数
void main()
{
```

```
  SCON=0x50;//设置串行接口的工作方式为工作方式 1,允许接收
  TMOD=0x20;//设置定时器 T1 的工作方式为工作方式 2
  TH1=0xfd;//设置串行接口波特率为 9600 bit/s
TL1=0xfd;
  PCON=0x00;//波特率不倍增
  RI=0;//接收中断标志位清 0
  TR1=1;//打开定时器
  LED1=LED2=1;//LED1 和 LED2 均熄灭
  while(1)
  {
    if(RI)//等待接收数据
    {
      RI=0;//接收中断标志位清 0
      switch(SBUF)
      {
        case 'A':LED1=~1;LED2=1;break;//LED1 和 LED2 均熄灭
        case'B':LED2=~0;LED1=1;break;//LED1 熄灭,LED2 点亮
        case 'C':LED1=~0;LED2=0;//LED2 点亮,LED1 点亮
      }
    }
    else
      LED1=LED2=1;
      Delay(100);
  }
}
```

3　仿真结果

将甲机和乙机程序代码分别下载到甲机和乙机单片机中,运行仿真图,开始 4 个 LED 灯全熄灭,第一次按下 K1 弹起后,D1 和 D2 点亮,D3 和 D4 熄灭;第二次按下 K1 弹起后,D1 和 D2 熄灭,D3 和 D4 点亮;第三次按下 K1 弹起后,D1、D2、D3 和 D4 全部点亮。扫描右方二维码,查看仿真效果。

仿真运行结果

4　任务扩展

请思考,如何为乙机增加一个按键,改为由乙机向甲机发送控制命令?

任务 6.2　模拟交通信号灯的远程控制

任务目标

- 掌握单片机串行接口的使用和编程方法
- 掌握单片机与计算机的通信原理和编程方法

任务内容

- ➢ 连接模拟交通信号灯远程控制的硬件电路
- ➢ 设计模拟交通信号灯远程控制的软件程序

任务相关知识

1 RS-232C 总线标准

RS-232C 原本是美国电子工业协会(Electronic Industry Association,简称 EIA)的推荐标准,现已在全世界范围内被广泛采用,RS-232C 是在异步串行通信中应用最广的总线标准之一。微型计算机之间的串行通信就是按照 RS-232C 标准设计的接口电路实现的。

RS-232C 是一种电压型总线标准,它采用负逻辑规定逻辑电平,其中逻辑"1"电平为 −15～−3 V;逻辑"0"电平为+3～+15 V;噪声容限为 2 V。

RS-232C 标准的数据传输速率有:50 bit/s,75 bit/s,110 bit/s,150 bit/s,300 bit/s,600 bit/s,1 200 bit/s,2 400 bit/s,4 800 bit/s,9 600 bit/s,19 200 bit/s。

实际上 RS-232C 的 25 条引线中有许多是很少使用的,在实际通信中一般只使用 3～9 条引线,常用的有 3 条线,即发送数据线、接收数据线和信号接地线。

2 RS-232C 信息格式

RS-232C 采用串行格式,该格式规定:信息的开始为起始位,信息的结束为停止位;信息本身可以是数据位 5、6、7、8 再加一位奇偶校验位;如果两个信息之间无信息,则写"1",表示空。RS-232C 信息格式如图 6.13 所示。

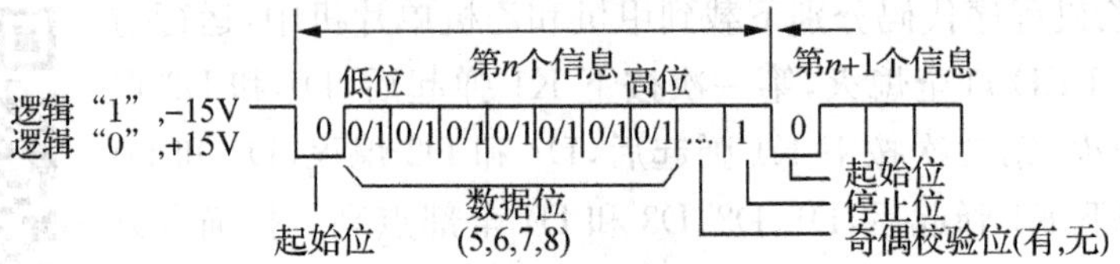

图 6.13 RS-232C 信息格式

3 RS-232C 电平转换

由于 RS-232C 信号电平(EIA)与 8051 单片机信号电平(TTL)不一致,因此必须进行信号电平转换。实现这种电平转换的电路称为 RS-232C 接口电路,一般有两种形式:一种是采用运算放大器、晶体管、光电隔离器等器件组成的电路来实现;另一种是采用专门的集成芯片(如 MC1488、MAX232 等)实现。

(1) MAX232 简介

MAX232 芯片是 MAXIM 公司生产的具有两路接收器和驱动器的 IC 芯片,其内部有一个电源电压变换器,可以将输入的+5V 电压变换成 RS-232C 输出电平所需的±12 V 电压。所以采用这种芯片来实现接口电路特别方便,只需单一的+5 V 电源即可。

(2) MAX232 实现 PC 与 8051 单片机串行通信的电路

用 MAX232 芯片实现计算机与 8051 单片机串行通信的典型电路如图 6.14 所示。图中的外接电解电容 C1、C2、C3、C4 用于电源电压变换，可提高抗干扰能力，它们可取相同容量的电容，一般为 1.0 μF/16 V。电容 C5 的作用是对＋5 V 电源的噪声干扰进行滤波，一般取 0.1 μF。选用两组中的任意一组电平转换电路实现串行通信，如图中选 T1IN、R1OUT 分别与 8051 的 TXD、RXD 相连，T1OUT、R1IN 分别与 PC 中 R232 接口的 RXD、TXD 相连。这种发送与接收的对应关系不能接错，否则电路将不能正常工作。

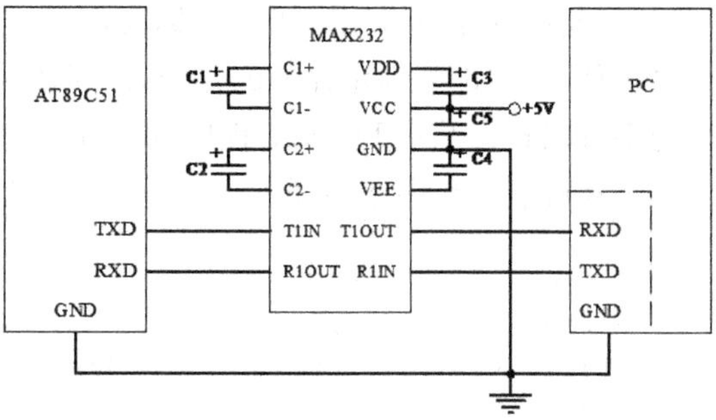

图 6.14　PC 与 8051 单片机串行通信的典型电路

任务实施

1　连接电路

模拟交通信号灯远程控制系统涉及前面学到的知识和本项目任务 6.1 介绍的串行通信方面的知识，利用 PC 和单片机之间的通信来实现远程控制。

本任务中，利用单片机实现交通灯控制系统的功能，如信号灯的显示和 LED 数码管的倒计时显示。此外，利用串行口与 PC 进行通信，采用通信双方约定的通信协议，PC 根据需要向单片机发送命令，包括特殊处理命令、恢复命令；单片机在实现常规显示的基础上，根据通信得到的命令进行相应的处理。模拟交通信号灯远程控制系统电路原理图如图 6.15 所示。

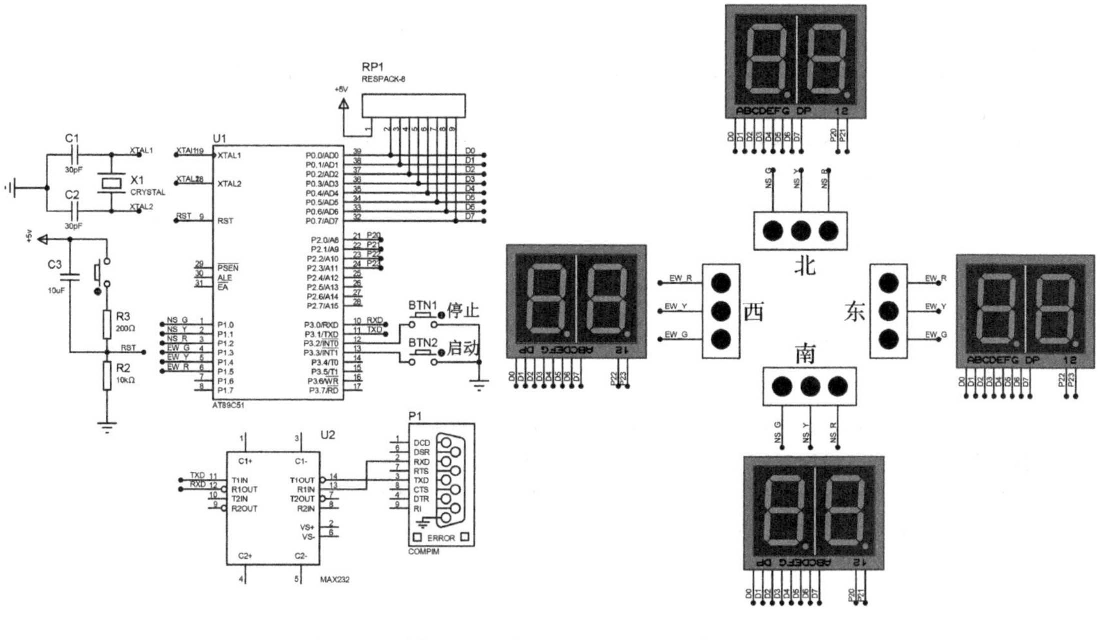

图 6.15　模拟交通信号灯远程控制系统电路原理图

2 编写代码

PC 通信程序可以用高级语言编写,也可以在 PC 上安装串口调试助手。串口调试助手有很多种,基本都能满足任务的需求,均可以达到 PC 与单片机通信的要求,因此使用串口调试助手可以省去编写 PC 通信程序的时间。

单片机通信程序编写如下,可扫描下方二维码,查看完整代码:

本节代码

```
#include <reg51.h>
unsigned char mrp=0,sec=60;
void DelayX1ms(unsigned int count);
char data find_code[4]={0,0,0,0};
char code dis_code[]={0xc0,0xf9,0xa4,0xb0,0x99,0x92,0x82,0xf8,
0x80,0x90};
//共阳极数码管字形码 0,1,2,3,4,5,6,7,8,9
/*******************************************
动态显示函数
*******************************************/
void disp()
{
  unsigned char i,j,k;
  j=0x01;
  for(i=0;i<4;i++)
  {
    P2=j;
    k=find_code[i];
    P0=dis_code[k];
    DelayX1ms(10);
    j<<=1;
  }
}
/*******************************************
延时子程序
*******************************************/
void DelayX1ms(unsigned int count)
  {
    unsigned int j;
    while(count--!=0)
    {
      for(j=0;j<40;j++);
    }
  }
/*******************************************
延时函数,定时器 0 采用工作方式 1,50 ms 中断一次
*******************************************/
void timer0(void) interrupt 1
{
    TH0=0x3c;
    TL0=0xb0;
    TMOD=0x01;
```

```
    mrp++;
    if(mrp==20)
    {
      mrp=0;
      sec--;
      if(sec==0)
      {
        mrp=0;
        sec=60;//对计数单元清 0
      }
    }
}
/*********************************************
串行口中断函数,查询按键状态并处理
********************************************* /
void serial()interrupt 4
{
  unsigned char i;
  EA=0;//关中断
  if(RI==1)//接收到数据
  {
    RI=0;//软件清除中断标志位
    if(SBUF==0x07)//判断是否为 07H 亮灯命令
    {
      SBUF=0x07;//将收到的 07H 命令回发给主机
      while(!TI);//查询发送
      TI=0;//发送成功,由软件清 TI
      i=P1;//保护现场,保存 P1 口状态
      P0=0xdb;//P1 口控制的两路红灯全亮
      while(SBUF!=0x0f)//判断是否为 0fH 命令
      {
        while(!RI);//等待接收下一个命令
        RI=0;//软件清除中断标志位
      }
      SBUF=0x0f;//将收到的 0fH 命令回发给主机
      while(!TI);//查询发送
      TI=0;//发送成功,由软件清 TI
      P0=i;//恢复现场,送回 P1 口原来状态
      EA=1;//开中断
    }
    else
    {
      EA=1;
    }
  }
}
```

```
/*********************************************
主函数
********************************************* /
main()
{
  TMOD=0x21;//T0、T1都作为定时器用,采用工作方式1
  SCON=0x50;//串行口采用工作方式1,允许接收
  PCON=0x00;
  TH0=0x3c;//预置计数初值
  TL0=0xb0;
  TH1=0xf4;
  TL1=0xf4;//设置串行口波特率为2 400 bit/s
  EA=1;
  ET0=1;
  ES=1;//开串行口中断
  IP=0x10;
  TR0=1;//启动定时器T0
  TR1=1;//启动定时器T1
  while(1)
  {
    if(P3==0xfb)//停止
    {
      TR0=0;
      mrp=0;
      sec=0;
      find_code[10]=0;
    }
    if(P3==0xf7)//启动
      TR0=1;
    if(sec>35)
    {
      P1=0xde;//东西绿灯亮,南北红灯亮
      find_code[0]=(sec-35)/10;
      find_code[1]=(sec-35)%10;
      find_code[2]=(sec-30)/10;
      find_code[3]=(sec-30)%10;
    }
    if((sec>30)&&(sec<=35))
    {
      P1=0xee;//东西黄灯亮,南北红灯亮
      find_code[0]=(sec-30)/10;
      find_code[1]=(sec-30)%10;
      find_code[2]=(sec-30)/10;
      find_code[3]=(sec-30)%10;
    }
    if((sec>5)&&(sec<=30))
    {
      P1=0xf3;//东西红灯亮,南北绿灯亮
      find_code[0]=sec/10;
```

```
        find_code[1]=sec%10;
        find_code[2]=(sec-5)/10;
        find_code[3]=(sec-5)%10;
      }
      if(sec<5)
      {
        P1=0xf5;//东西红灯亮,南北黄灯亮
        find_code[0]=sec/10;
        find_code[1]=sec%10;
        find_code[2]=sec/10;
        find_code[3]=sec%10;
      }
      disp();
    }
  }
```

3　仿真结果

将程序代码下载到单片机上,运行仿真图,数码管可以显示时间,东西南北四个方向的红、黄、绿灯正常工作。扫描右方二维码,查看仿真效果。

仿真运行结果

4　任务扩展

修改单片机接收程序,使得单片机能够接收串口调试助手向单片机发送的红、黄、绿灯点亮时间参数,实现红、黄、绿灯的点亮时间控制。

项目 7　智能避障小车

引言

本项目通过智能避障小车的设计任务，学习单片机控制系统的综合应用。单片机作为控制核心，输入电路主要包括循迹模块、避障模块、感光模块；控制电路主要是单片机最小系统；执行电路主要包括电机模块、按键模块、报警模块、显示模块等。

项目目标

- 理解智能避障小车的工作原理
- 学会智能避障小车的硬件设计方法
- 学会智能避障小车的软件设计方法

项目任务

- 智能避障小车的硬件设计
- 智能避障小车的软件设计

项目相关知识

自第一台工业机器人诞生以来，机器人的发展已经遍及机械、电子、冶金、交通、宇航、国防等领域。近年来机器人的智能水平不断提高，迅速改变着人们的生活方式。人们在不断探讨、改造、认识自然的过程中，制造能替代人劳动的机器一直是人类的梦想。

智能小车是一种能够通过编程手段完成特定任务的小型化机器人，它具有制作成本低廉、电路结构简单、程序调试方便等优点，由于具有很强的趣味性，深受广大机器人爱好者以及高校学生的喜爱。本项目介绍的智能避障小车，能够完成前进、后退、左转、右转、遇障碍物绕行等基本动作，当检测到车子前方有障碍物时，小车停车，然后转向左侧。除了避障外，智能小车还可以实现黑线循迹、照明灯控制、语音控制等功能。下面通过具体任务完成智能避障小车的设计。

任务 7.1 智能避障小车的硬件设计

任务目标

- 理解小车避障的工作原理
- 完成智能避障小车的硬件电路设计

任务内容

- 分析智能避障小车的工作原理
- 设计智能避障小车的硬件电路

任务相关知识

如图 7.1 所示为智能避障小车的结构框图。智能避障小车采用单片机作为系统大脑，以 8051 系列单片机中的 STC89C51 为主芯片，通过输入电路、控制电路、执行电路共同完成。输入电路主要包括循迹模块、避障模块、感光模块；控制电路主要是单片机最小系统；执行电路主要包括电机模块、按键模块、报警模块、显示模块等。各功能模块的功能介绍如下：

① 单片机最小系统：单片机最小系统是整个小车的控制核心，负责接收遥控器或传感器信号，然后进行数据分析、处理，根据需要驱动电机正转、反转，从而控制小车的相应运动。

② 循迹模块：检测地上的黑色轨迹，将轨迹信号传送给单片机，从而使小车能够沿黑色轨迹运动。

③ 避障模块：检测小车前方是否有障碍物，并将信号传送给单片机，从而让小车能绕开障碍物。

④ 感光模块：检测外界光线的变化，向单片机发送相关信息，从而控制小车夜间自动照明等功能。

⑤ 按键模块：独立式按键，实现小车工作方式的选择。

⑥ 电机模块：根据单片机的指令，通过电机驱动模块驱动电机正转、反转，从而控制小车的运动。

⑦ 报警模块：根据单片机指令，蜂鸣器发出声音进行报警。

⑧ 显示模块：显示模块包括 LED 指示灯和一位数码管。根据单片机指令，相关 LED 指示灯点亮，表示传感器信号的检测状态；一位数码管显示“1”“2”两个数字，表示小车工作模式，“1”为避障模式，“2”为循迹模式。

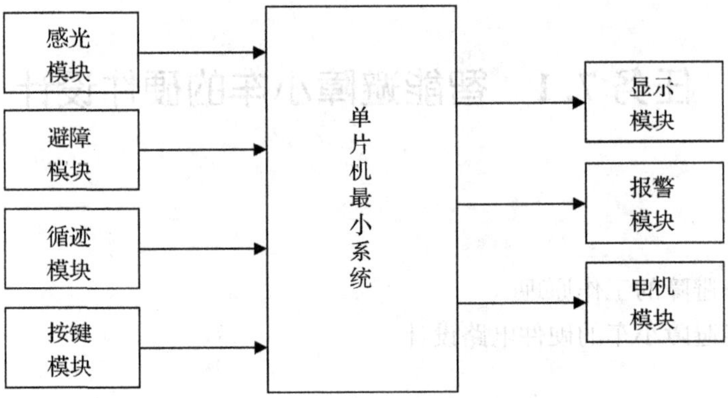

图 7.1　智能避障小车结构框图

任务实施

1　控制电路

控制电路主要是单片机最小系统电路，如图 7.2 所示。单片机最小系统主要包括单片机、电源、晶振、复位四部分。单片机最小系统的工作原理在前面的项目中已经详细介绍过，这里不再赘述。图 7.2 中除了单片机最小系统外，还包括单片机与其他电路的连接端口，全部通过网络标号进行连接。

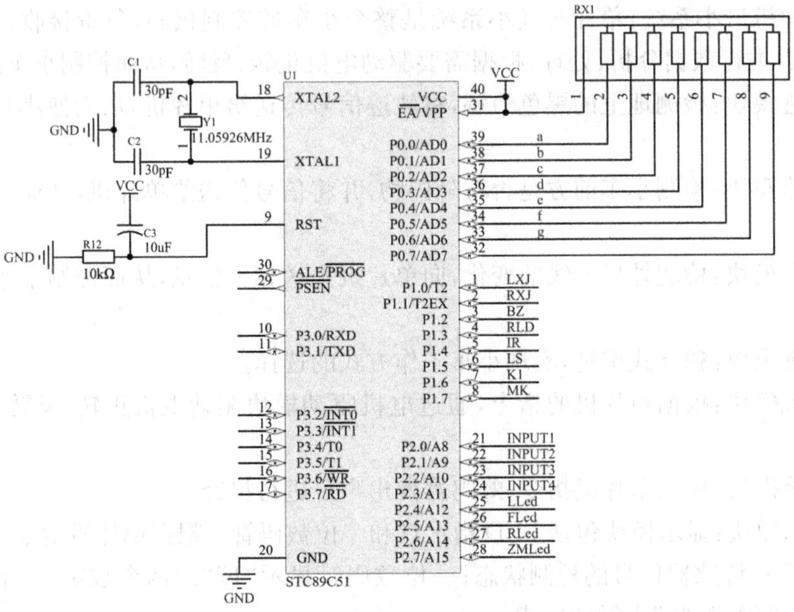

图 7.2　单片机最小系统电路图

2　避障模块

小车的避障功能主要是通过红外发射管和红外接收管组成的红外对管来检测前方障碍物。在小车前进时，如果前方有障碍物，由红外发射管发射的红外信号被反射给红外接收管，红外接收管将此信号经过P1.2端口传送入STC89C51中，主芯片通过内部的代码进行小车的绕障碍物操作。避障模块电路如图7.3所示，图中LM393是电压比较器，红外接收管的信号经过比较器整形之后送入单片机P1.2端口。

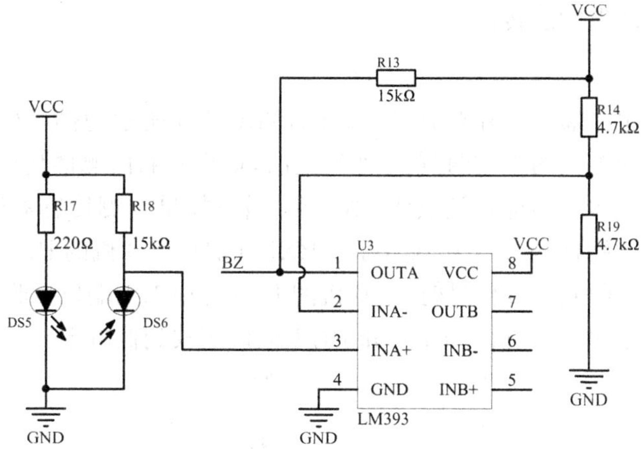

图7.3　避障模块电路图

人们习惯把红外线发射管和红外线接收管称为红外对管，其外形与普通圆形发光二极管类似。红外对管的实物图如图7.4所示。

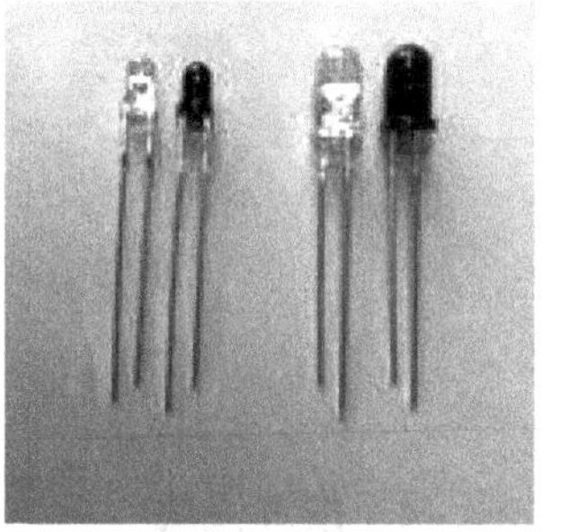

图7.4　红外对管实物图

红外发射管由红外发光二极管组成发光体，用红外辐射效率高的材料(常用砷化镓)制成PN结，正向偏压向PN结注入电流激发红外光，其光谱功率分布为中心波长830～950 nm。发光二极管(LED)的表现是正温度系数，即电流越大温度越高，温度越高电流越大。红外发光二极管的功率和电流大小有关，但正向电流超过最大额定值时，红外发光二极管的发射功率反而下降。

红外接收管，又称红外接收二极管、红外光电二极管，它与普通半导体二极管在结构上是相似的。在光敏二极管管壳上有一个能射入光线的玻璃透镜，入射光通过透镜正好照射在管芯上。光敏二极管管芯是一个具有光敏特性的PN结，它被封装在管壳内。光敏二极管管芯的光敏面是通过扩散工艺在N型单晶硅上形成的一层薄膜。光敏二极管的管芯以及管芯上的PN结面积做得较大，而管芯上的电极面积做得较小，PN结的结深比普通半导体二极管做得浅，这些结构上的特点都是为了提高光敏二极管的光电转换的能力。另外，与普通半导体二极管一样，光敏二极管在硅片上生长了一层SiO_2保护层，把PN结的边缘保护起来，从而提高了管子的稳定性，减少了暗电流。

光敏二极管与普通二极管一样，它的PN结具有单向导电性，因此光敏二极管工作时应加上反向电压。当无光照时，电路中也有很小的反向饱和漏电流，一般为$1\times10^{-8}\sim1\times10^{-9}$ A(称为暗电流)，此时相当于光敏二极管截止；当有光照射时，PN结附近受光子的轰击，半导体内被束缚的价电子吸收光子能量而被击发产生电子-空穴对。这些载流子的数目对于多数载流子影响不大，但对P区和N区的少数载流子来说，则会使少数载流子的浓度大大提高，在反向电压作用下，反向饱和漏电流大大增加，形成光电流，该光电流随入射光强度的变化而相应变化。光电流通过负载 R_L 时，在电阻两端将得到随入射光变化的电压信号。光敏二极管就是这样完成电功能转换的。

3 循迹模块

小车循迹模块也是通过红外对管来实现的，如图7.5所示为循迹模块电路图。两个红外对管安装在小车探测板的左右两侧，小车行走时，如果左右两侧的传感器都没有检测到黑线，则直走；如果左侧传感器检测到黑线，则小车左转；如果右侧传感器检测到黑线，则小车右转。图7.5中的网络标号LXJ和网络标号RXJ分别与单片机的P1.0和P1.1端口连接，当红外接收管没有接收到红外信号时，单片机的P1.0和P1.1端口接收到高电平；当红外接收管接收到红外信号时，单片机的P1.0和P1.1端口接收到低电平。

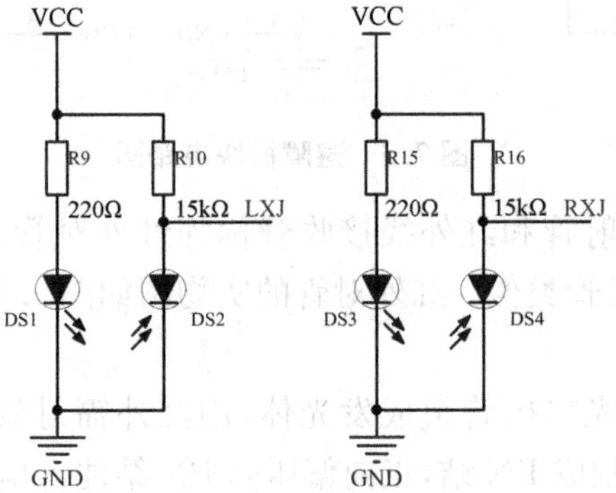

图 7.5 循迹模块电路图

4 按键模块

小车上的按键模块电路如图7.6所示。按键以查询方式来展现按键操作。当按键没有按下时，对应单片机端口为高电平；当按键按下后，对应单片机端口为低电平。

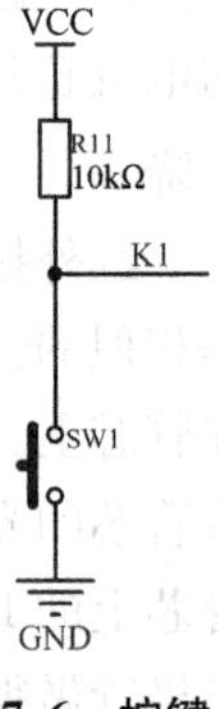

图 7.6 按键模块电路图

5 感光模块

小车上的感光模块电路如图7.7所示。当环境光线亮到一定程度时，光敏电阻阻值变小，LM393的1号脚输出低电平；当环境光线暗到一定程度时，光敏电阻阻值变为接近无穷大，LM393的1号脚输出高电平。小车通过感光模块检测环境光线强度，以方便实现夜间自动照明等功能。

光敏电阻是用硫化隔或硒化隔等半导体材料制成的特殊电阻器，图7.8为光敏电阻的结构图，其工作原理基于内光电效应。光敏电阻对光线十分敏感，光照越强，阻值就越低，随着光照强度的升高，电阻值迅速降低，亮电阻值可低至1 kΩ以下；在无光照时，呈高阻状态，暗电阻值一般可达1.5 MΩ。光敏电阻一般用于光的测量、光的控制和光电转换（将光的变化转换为电的变化）。光敏电阻对光的敏感性（即光谱特性）与人眼对可见光（0.4～0.76 μm）的响应很接近，只要人眼可感受的光，都会引起它的阻值变化。由于光敏电阻的特殊性能，随着科技的发展，它将得到极其广泛的应用。

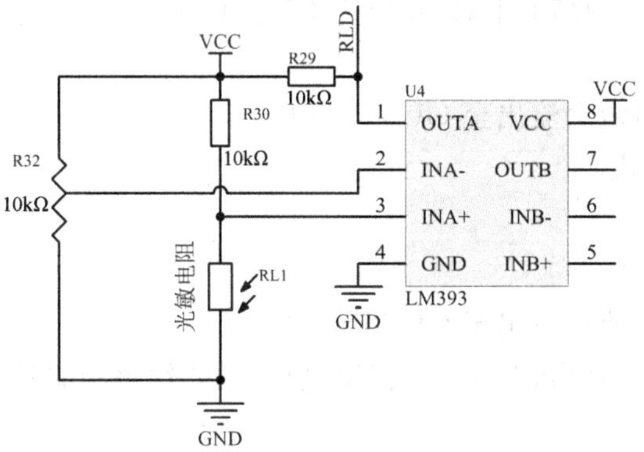

图 7.7　感光模块电路图

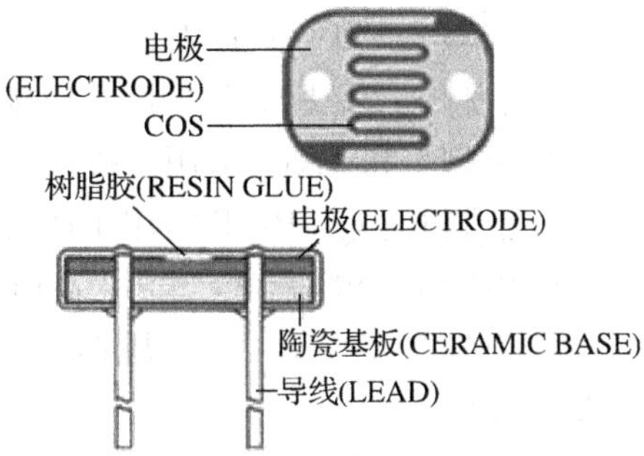

图 7.8　光敏电阻结构图

6　电机模块

小车的电机模块电路如图 7.9 所示。L293D 是德州仪器(Texas Instruments)生产的微型电机驱动集成电路芯片，主要驱动继电器、电磁阀、直流双极步进电机和马达等负载。L293D 输入端兼容 TTL 电平信号，每个输出端都是推拉式驱动电路。当输入端为高电平时，相关联的输出驱动器被启用，输出端呈高电平状态；当输入端为低电平时，相关联的输出驱动器被禁用，输出端呈高阻抗状态。一片 L293D 可以驱动两个负载。

常用直流电机驱动模块的主要参数如下：

① 输入逻辑电压：5 V；

② 输入电机电压：5～36 V；

③ 输出驱动电流：1 000 mA；

④ 尺寸：(长)34 mm×(宽)18 mm×(高)8 mm。

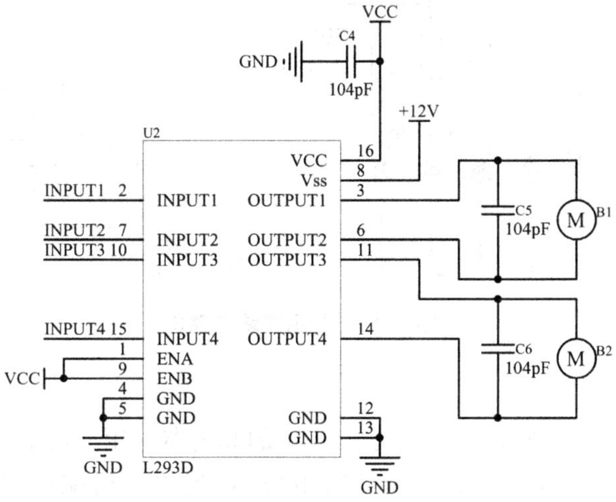

图 7.9　电机模块电路图

L293D各引脚功能介绍如下：

① 引脚1：ENA，用于控制左半边IC，当它为高电平时，左半边IC起作用；反之，当它为低电平时，左半边IC不起作用。

② 引脚2：INPUT 1，当它为高电平时，电流会流出至OUTPUT1。

③ 引脚3：OUTPUT 1，用于连接终端电机。

④ 引脚4和5：GND，用于接地。

⑤ 引脚6：OUTPUT 2，用于连接终端电机。

⑥ 引脚7：INPUT 2，当它为高电平时，电流会流出至OUTPUT2。

⑦ 引脚8：VCC，为电机提供电源，如果所用电机为12 V直流电机，则要给该引脚连接12 V直流电源。

⑧ 引脚9：ENB，用于控制右半边IC，当它为高电平时，右半边IC起作用；反之，当它为低电平时，右半边IC不起作用。

⑨ 引脚10：INPUT 3，当它为高电平时，电流会流出至OUTPUT3。

⑩ 引脚11：OUTPUT 3，用于连接终端电机。

⑪ 引脚12和13：GND，用于接地。

⑫ 引脚14：OUTPUT 4，用于连接终端电机。

⑬ 引脚15：INPUT 4，当它为高电平时，电流会流出至OUTPUT3。

⑭ 引脚16：V_{SS}，给芯片本身提供工作电源，一般接5 V直流电源。

7 显示模块

小车的显示模块主要包括指示灯和数码管，电路图如图7.10所示。指示灯可以指示小车前进、后退、左转、右转的工作状态，数码管在按键控制下显示数字1、2，表示小车的工作模式。LED指示灯和数码管的相关知识在前面的项目中已经介绍过，这里不再赘述。

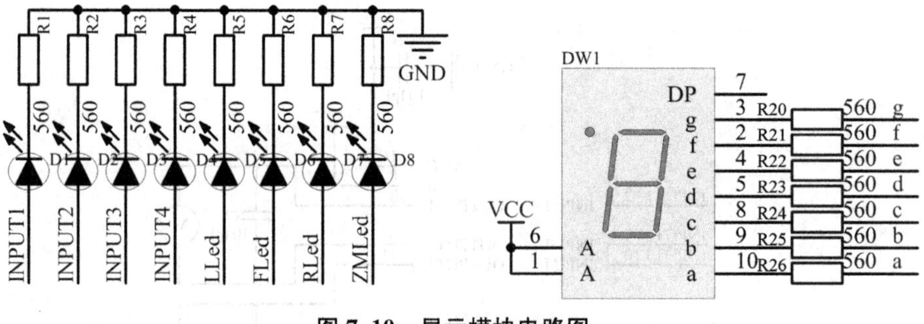

图7.10 显示模块电路图

8 报警模块

小车的报警模块电路如图7.11所示。图中的蜂鸣器采用有源蜂鸣器，当单片机端口输出低电平时，三极管S8550导通，蜂鸣器得电发声；当单片机端口输出高电平时，三极管S8550截止，蜂鸣器失电不发声。

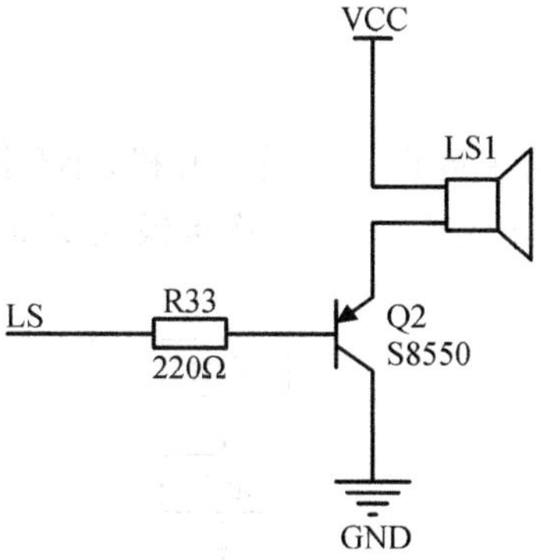

图 7.11 报警模块电路图

9 任务扩展

为小车增加一个声音感应模块，可以通过声音（比如拍手声）控制小车的启停。声音感应模块电路如图 7.12 所示。图中通过麦克风来感应外界声音，当有一定声音信号时，三极管 S8050 导通，MK 端输出低电平给单片机端口，单片机接收到该低电平后，可以控制小车的运行。另外，读者可以考虑采用语音芯片进行语音感应。

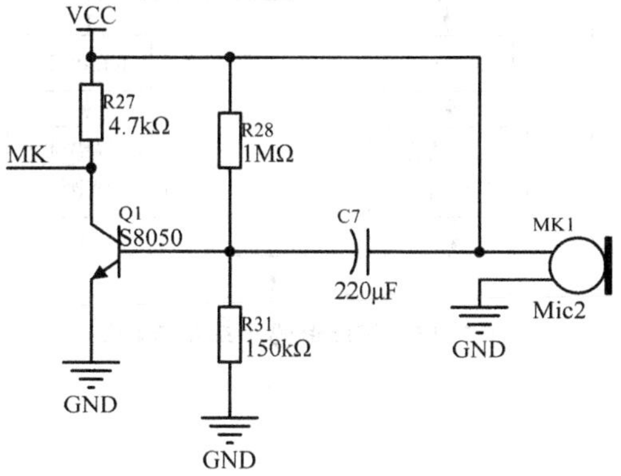

图 7.12 声音感应模块电路图

任务 7.2 智能避障小车的软件设计

任务目标

➢ 理解小车避障的工作流程
➢ 完成智能避障小车的软件程序设计

任务内容

➢ 智能避障小车工作流程分析
➢ 智能避障小车软件程序设计

任务相关知识

图 7.13 为智能避障小车的主流程图。通电开机，小车默认工作于避障状态，数码管显示“1”；按键可以改变小车的工作模式，每按一次键模式变量加 1，两种工作模式循环进行，数码管循环显示“1”“2”两个数字。

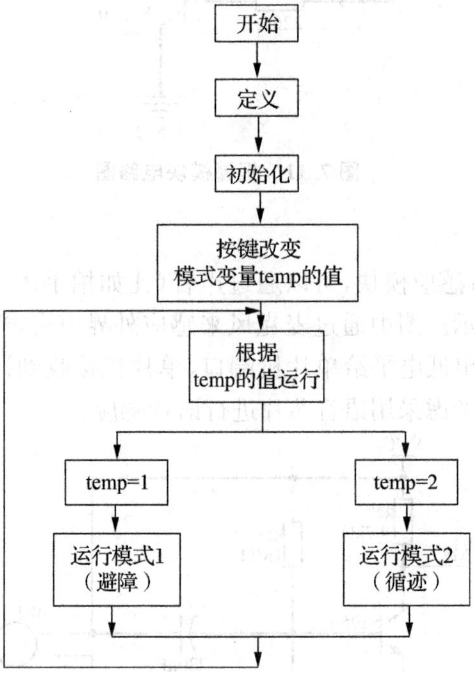

图 7.13 智能避障小车主流程图

主程序编写如下：

```
void main()
{
  bit RunFlag=0;//定义小车运行标志位
  IT1=1;//设定外部中断 1 为低边缘触发类型
  EA=1;//总中断开启
  Stop();//初始化小车运行状态为停止
  while(1)//程序主循环
  {
    if(K1==0)//按键是否按下
    {
      while(!K1);//等待按键弹起
      temp++;//模式变量加 1
      if(temp==3)//如果模式变量为 3,则重新赋值为 1
      {
        temp=1;
      }
    }
    switch(temp)
```

```
    {
      case 1:ShowPort=LedShowData[0];Robot_Avoidance();break;//避障模式
      case 2:ShowPort=LedShowData[1];Robot_Traction();break;//循迹模式
    }
  }
}
```

任务实施

1　避障模式子程序设计

图 7.14 为避障模式的子程序流程图。程序开始运行，先对指示灯变量赋值，然后检测避障红外传感器的信号，如果前方有障碍物，则停车 30 ms，然后后退 1 000 ms，接着左转 1 800 ms；只要检测到前方有障碍物，则一直重复上述三个动作，直到前方没有障碍物，开始前行。程序编写如下：

```
void Robot_Avoidance()
{
  LeftLed=LeftIR;//前方左侧指示灯指示出前方左侧红外探头状态
  RightLed=RightIR;//前方右侧指示灯指示出前方右侧红外探头状态
  FontLled=FontIR;//前方正面指示灯指示出前方正面红外探头状态
  if(FontIR==0)//如果前面避障传感器检测到障碍物
  {
    Stop();/停止
    delay_nms (300);//停止 300 ms,防止电机受到反向电压冲击,导致系统复位
    B_Run();//后退
    delay_nms (1000);//后退 1000 ms
    L_Turn();//左转
    delay_nms (1800);//左转 1800 ms
  }
  if(FontIR==1)
  {
    F_Run();//如果前面避障传感器未检测到障碍物,则前进
    delay_nms (10);
  }
}
```

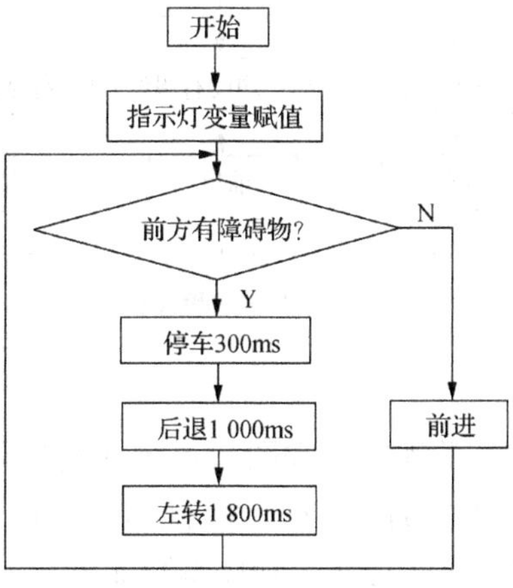

图 7.14　避障子程序流程图

2 循迹模式子程序设计

图 7.15 为循迹模式的子程序流程图。程序开始运行，先对指示灯变量赋值，然后检测循迹红外传感器的信号，如果左右两侧都没有检测到黑线，小车前进；如果左侧检测到黑线，则小车左转；如果右侧检测到黑线，则小车右转。程序编写如下：

```
void Robot_Traction()
{
  LeftLed=LeftIR;//前方左侧指示灯指示出前方左侧红外探头状态
  RightLed=RightIR;//前方右侧指示灯指示出前方右侧红外探头状态
  FontLled=FontIR;/前方正面指示灯指示出前方正面红外探头状态
  if(LeftIR==0&&RightIR==0)//如果两个红外探头均未检测到黑线,则前进
  {
    F_Run();
    delay_nms (10);
  }
  if(LeftIR==0&&RightIR==1)//如果右侧红外探头检测到黑线,则右转
  {
    L_Turn();
    delay_nms (10);
  }
  if(LeftIR==1&&RightIR==0)//如果左侧红外探头检测到黑线,则左转
  {

    L_Turn();
    delay_nms (10);
  }
}
```

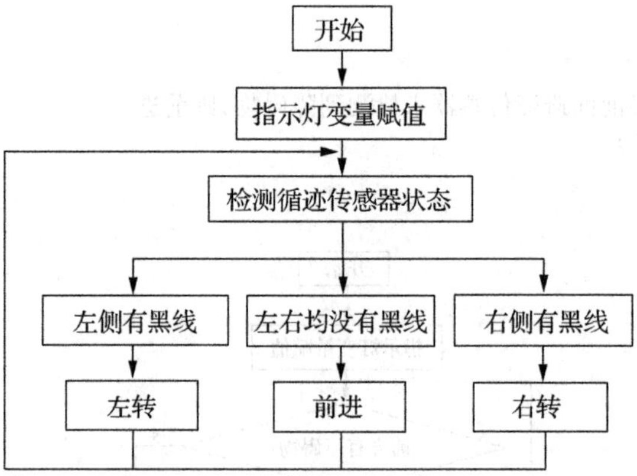

图 7.15 循迹子程序流程图

3 任务扩展

图 7.16 为小车声控模式的子程序流程图。程序开始运行，先判断是否有声音信号，如果有声音信号，则将声音计数变量加 1，当计数变量为 2 时，计数变量清 0。计数变量为 0 时，小车前进；计数变量为 1 时，小车停止。程序编写如下：

```
void Robot_SoundControl()
{
  uchar k;//定义声音计数变量
  if(MK==0)//判断是否有声音信号
  {
    while(!MK);//等待声音信号消失
    k++;//声音计数变量加 1
    if(k==2)//声音计数变量若为 2,则变量重新赋值 0
    {
      k= 0;
    }
  }
  if(k==0)//声音计数变量若为 0,则停车
  {
    Stop();
  }
  if(k==1)//声音计数变量若为 1,则前进
  {
    F_Run();
  }
}
```

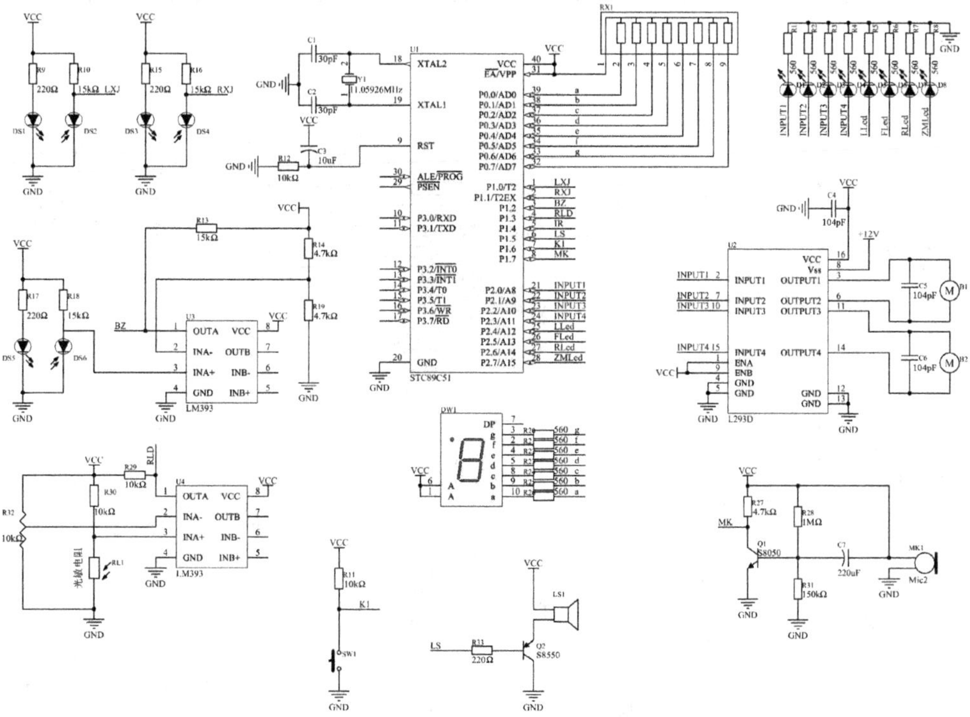

图 7.16 声控子程序流程图

声控模式扩展功能增加之后,完整电路原理图如图 7.17 所示,图 7.18 为仿真电路图。主函数具体程序修改如下:

```
/****************** 主函数*********************************/
void main()
{
  bit RunFlag=0;//定义小车运行标志位
  IT1=1;//设定外部中断 1 位低边沿触发类型
  EA=1;//总中断开启
  Stop();//初始化小车运行状态为停止
  while(1)//程序主循环
  {
    if(K1==0)//按键是否按下？
    {
      while(!K1);//等待按键弹起
      temp++;//模式变量加 1
      if(temp==4)//如果模式变量为 4,则重新赋值为 1
      {
        temp= 1;
      }
    }
    switch(temp)
    {
      case 1: ShowPort=LedShowData[0];Robot_Avoidance();break;//避障模式
      case 2: ShowPort=LedShowData[1];Robot_Traction();break;//循迹模式
      case 3: ShowPort=LedShowData[2];Robot_SoundControl();break;//声控模式
    }
  }
}
```

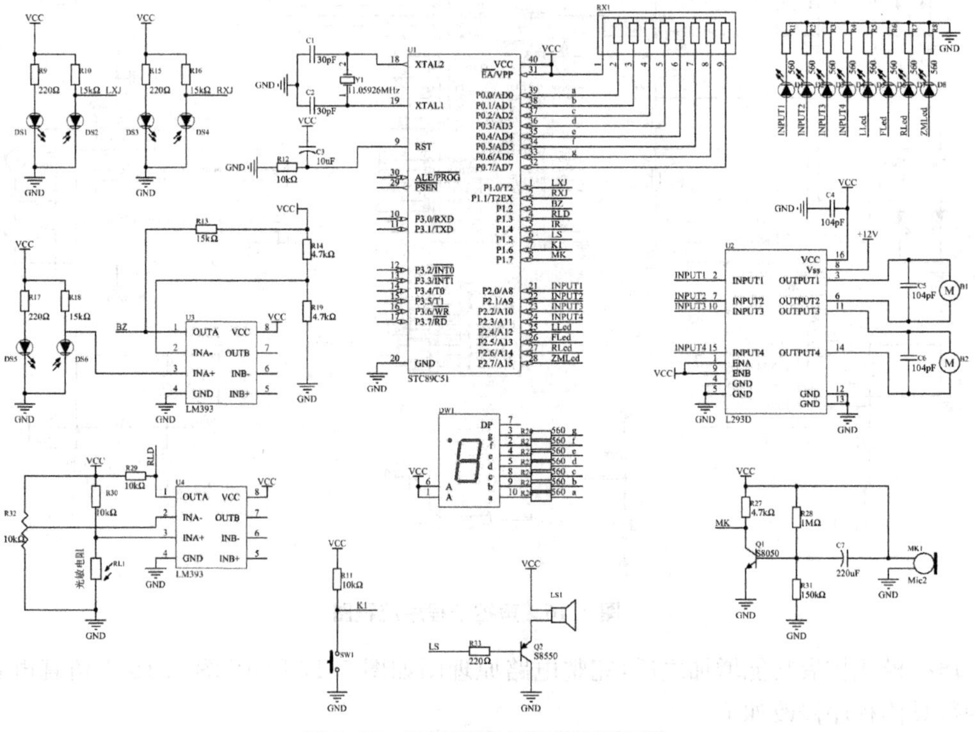

图 7.17　智能避障小车电路原理图

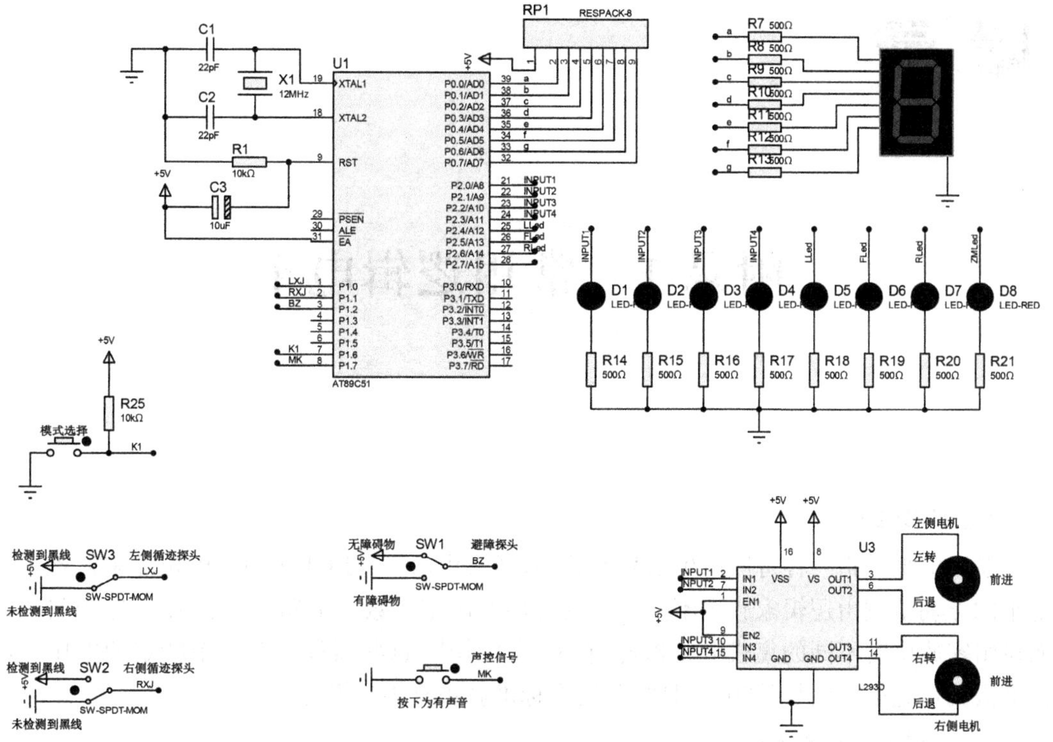

图 7.18　智能避障小车仿真电路图

附 录

附录1　常用逻辑电平

1　逻辑电平

逻辑电平是指一种可以产生信号的状态，通常由信号与地线之间的电位差来体现，逻辑电平的浮动范围由逻辑家族中不同器件的特性所决定。数字电路中电信号分为“0”和“1”，而逻辑家族中有不同的集成电路器件，在实际工作中，这些器件需要一个特定的电压、电流标准去判定它的电信号是“0”还是“1”，这个标准就被称为逻辑电平。

2　逻辑电平基本术语

与逻辑电平相关的基本术语如下：

(1) 输入高电平(V_{ih})：保证逻辑门的输入为高电平时所允许的最小输入高电平，当输入电平高于V_{ih}时，则认为输入电平为高电平。

(2) 输入低电平(V_{il})：保证逻辑门的输入为低电平时所允许的最大输入低电平，当输入电平低于V_{il}时，则认为输入电平为低电平。

(3) 输出高电平(V_{oh})：保证逻辑门的输出为高电平时的输出电平的最小值，逻辑门的输出为高电平时的电平值都必须大于V_{oh}。

(4) 输出低电平(V_{ol})：保证逻辑门的输出为低电平时的输出电平的最大值，逻辑门的输出为低电平时的电平值都必须小于V_{ol}。

(5) 阈值电平(V_t)：数字电路芯片都存在一个阈值电平，就是电路刚刚勉强能翻转动作时的电平。它是一个界于V_{il}和V_{ih}之间的电压值，对于CMOS电路来说，阈值电平基本上是二分之一的电源电压值，但要保证稳定的输出，则必须要求输入高电平$>V_{ih}$，输入低电平$<V_{il}$。

(6) I_{oh}：逻辑门输出为高电平时的负载电流(拉电流)。

(7) I_{ol}：逻辑门输出为低电平时的负载电流(灌电流)。

(8) I_{ih}：逻辑门输入为高电平时的电流(灌电流)。

(9) I_{il}：逻辑门输入为低电平时的电流(拉电流)。

3　常用逻辑电平

常用的逻辑电平标准有 TTL、LVTTL、CMOS、LVCMOS、ECL、PECL、LVPECL、

RS232、RS485 等，还有一些速度比较高的 LVDS、GTL、PGTL、CML、HSTL、SSTL 等。常用逻辑电平对应的供电电压和输入输出电压如表 1 所示。

表 1　常用逻辑电平对应供电电压和输入/输出电压表

逻辑电平	供电电压 V_{CC}	输入高电平 V_{ih}	输入低电平 V_{il}	输出高电平 V_{oh}	输出低电平 V_{ol}
TTL	5.0 V	2.0 V	0.8 V	2.4 V	0.5 V
LVTTL	3.3 V	2.0 V	0.8 V	2.4 V	0.4 V
LVTTL	2.5 V	1.7 V	0.7 V	2.0 V	0.2 V
LVTTL	1.8 V	1.17 V	0.63 V	1.35 V	0.45 V
CMOS	5.0 V	3.5 V	1.5 V	4.45V	0.5 V
LVCMOS	3.3 V	2.0 V	0.8 V	2.4 V	0.4 V
LVCMOS	2.5 V	1.7 V	0.7 V	2.0 V	0.4 V
LVCMOS	1.8 V	1.17 V	0.63 V	1.35 V	0.45 V
ECL	V_{CC}=0V, V_{EE}=−5.2 V	−1.24 V	−1.36 V	−0.88 V	−1.72 V
PECL	5.0 V	3.0 V	−3.0 V	5.0 V	−5.0 V
LVPECL	3.3 V	2.27 V	1.68V	2.27 V	1.68 V
LVPECL	2.5 V	1.47 V	0.88 V	1.47 V	0.88 V
RS-232	5.0V	3.0 V	−3.0V	5.0 V	−5.0 V
RS-485	3.3V/5 V	1.9 V	1.8 V	3.3 V	0.3 V
LVDS	3.3V/5 V	1.252 V	1.249 V	1.252 V	1.249 V
GTL	1.2 V	0.85 V	0.75 V	1.1V	0.4 V
PGTL	1.5 V	1.2 V	0.8 V	1.4 V	0.46 V
CML	3.3 V	3.3 V	2.9 V	3.3 V	2.8 V
HSTL	1.8 V	0.95 V	0.55 V	1.1 V	0.4 V
SSTL	1.8 V	1.025 V	0.775 V	1.5 V	0.3 V

附录 2　常用进制及其转换

1　进制的概念

进制也就是进位计数制，是人为定义的带进位的计数方法。任何一种进制——x 进制，表示每一位上的数在运算时都是逢 x 进一位。二进制是逢二进一，十进制是逢十进一，十六进制是逢十六进一，以此类推。

2　常见的几种进制

(1) 十进制：十进制是使用最为普遍的一种进制。十进制的基数为 10，数码由 0～9 组成，运算规律是逢十进一。

(2) 二进制：二进制有两个数码，即 0 和 1，运算规律是逢二进一。由于二进制数只有数字 0 和 1，因此可以通过具有两个不同状态的元件来表示二进制数，比如电器的开关，某一节电流的有无，某一节电压的高低等。

(3) 八进制：八进制的基数为 8，数码有 0、1、2、3、4、5、6、7，每个数码正好对应一个三位二进制数，所以八进制能很好地反映二进制。

(4) 十六进制：有 16 个数码即数字 0～9 加上字母 A～F(它们分别表示十进制数 10～15)，运算规律是逢十六进一。C 语言中，常用前缀 0x 表示十六进制。

(5) 六十进制：例如小时与分钟的转换、分钟与秒数的转换，采用的都是六十进制。

3　不同进制间的转换

1) 二进制转换为十进制

由二进制数转换成十进制数的基本做法是，首先把二进制数写成加权系数展开式，然后按十进制加法规则求和。这种做法称为按权相加法。

例 1　把二进制数 110.11 转换成十进制数。

解：$(110.11)_2 = 1\times 2^2 + 1\times 2^1 + 0\times 2^0 + 1\times 2^{-1} + 1\times 2^{-2}$

$= 4+2+0+0.5+0.25 = (6.75)_{10}$

例 2　把二进制数 1010101.1011 转换成十进制数。

解：$(1010101.1011)_2 = 1\times 2^6 + 0\times 2^5 + 1\times 2^4 + 0\times 2^3 + 1\times 2^2 + 0\times 2^1 + 1\times 2^0 + 1\times 2^{-1} + 0\times 2^{-2} + 1\times 2^{-3} + 1\times 2^{-4} = 64+16+4+1+0.5+0.125+0.0625 = (85.6875)_{10}$

2) 十进制转换为二进制

十进制数转换为二进制数时，由于整数和小数的转换方法不同，所以先将十进制数的整数部分和小数部分分别转换，再加以合并。

（1）十进制整数转换为二进制整数

十进制整数转换为二进制整数采用“除 2 取余，逆序排列”。具体做法是：用 2 去除十进制整数，可以得到一个商和余数；再用 2 去除商，又会得到一个商和余数，如此反复进行，直到商为 0 时为止；然后把先得到的余数作为二进制数的低位有效位，后得到的余数作为二进制数的高位有效位，依次排列起来，就得到最终的二进制整数。

例 3　把十进制数 173 转换为二进制数。

解：

2	173	……余1
2	86	……余0
2	43	……余1
2	21	……余1
2	10	……余0
2	5	……余1
2	2	……余0
2	1	……余1
	0	

↑ 逆序排列

所以$(173)_{10}=(10101101)_2$。

（2）十进制小数转换为二进制小数

十进制小数转换为二进制小数采用“乘 2 取整，顺序排列”。具体做法是：用 2 乘十进制小数，可以得到积，将积的整数部分取出；再用 2 乘余下的小数部分，又得到一个积，继续将积的整数部分取出，如此反复进行，直到积中的小数部分为 0 或者达到所要求的精度为止；然后把取出的整数部分按顺序排列起来，先取的整数作为二进制小数的高位有效位，后取的整数作为二进制小数的低位有效位，就得到最终的二进制小数。

例 4　把十进制小数 0.8125 转换为二进制小数。

解：

$0.8125 \times 2 = 1.6250$ ……取整数：1

$.6250 \times 2 = 1.2500$ ……取整数：1

$.25 \times 2 = .50$ ……取整数：0

$.50 \times 2 = 1.0$ ……取整数：1

↓ 顺序排列

所以$(0.8125)_{10}=(0.1101)_2$。

3）二进制转换为八进制

3 位二进制数按权展开相加可得到 1 位八进制数，转换时是从二进制数的右边往左边开始转换，不足 3 位时补 0。

例 5 把二进制数 10010110 转换为八进制数。

解：

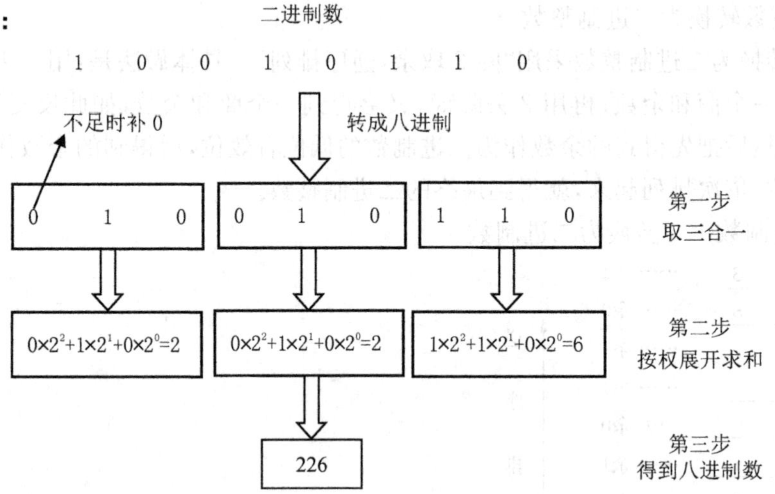

所以 $(10010110)_2=(226)_8$。

4）八进制转换为二进制

八进制数通过除 2 取余法可得到二进制数，每位八进制数可转换为 3 位二进制数，位数不足时在最左边补 0。

例 6 把八进制数 226 转换为二进制数。

解：

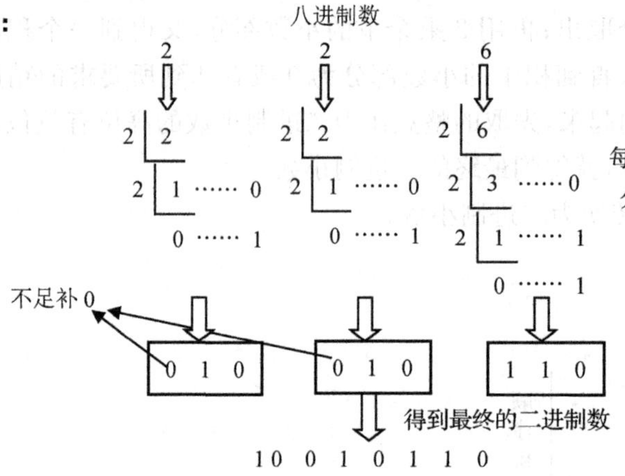

所以 $(226)_8=(10010110)_2$。

5）二进制转换为十六进制

与二进制转换为八进制的方法近似，转换为八进制时是取三合一，而转换为十六进制时是取四合一。4 位二进制数转换为十六进制数时是从二进制数的右边往左边开始转换，不足 4 位时补 0。

例 7 把二进制数 100101100 转换为十六进制数。

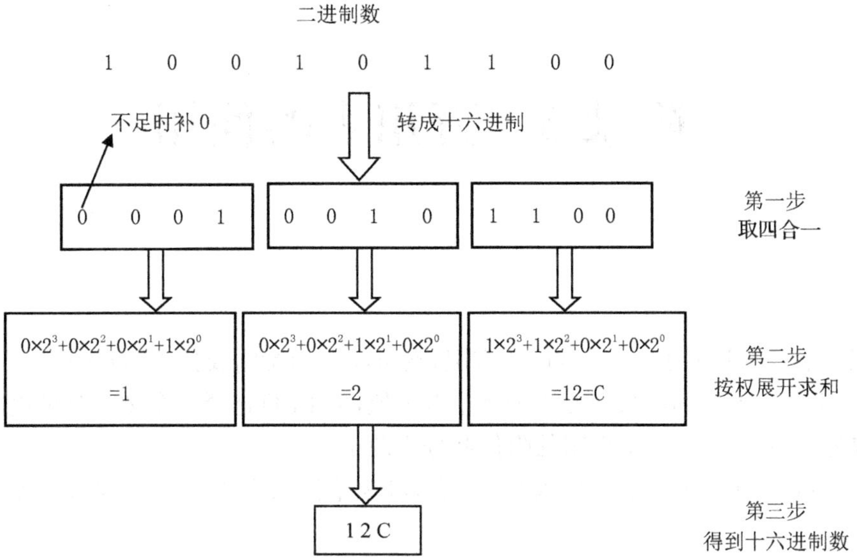

所以$(100101100)_2=(12C)_{16}$。

6）十六进制转换为二进制

十六进制数通过除 2 取余法可得到二进制数，每位十六进制数可转换为 4 位二进制数，位数不足时在最左边补 0。

例 8 把十六进制数 12C 转换为二进制数。

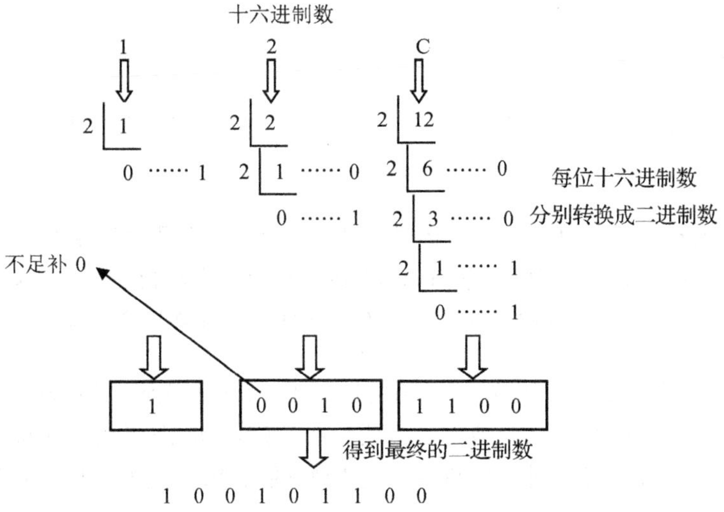

所以$(12C)_{16}=(100101100)_2$。

附录 3　万用表的使用

问题 1:由于 LED 两端承受的电压有限,在电路中通常需要给 LED 串联一个电阻以分担 LED 的电压。如何利用数字万用表测量电阻值,为 LED 选择一个 220 Ω 的电阻呢?

解决方案:用万用表测量电阻的阻值共分为两步。

第一步:将万用表的黑表笔插入 COM 孔,红表笔插入 VΩ 孔,万用表的旋钮调到 Ω 所对应的量程。

第二步:将表笔接触电阻两端的金属部位,测量时可以用一只手稳住电阻,但是两只手不要同时接触电阻的金属部位,否则会影响测量的精确度,因为人体是一个电阻有限大的导体。读数时,要保证表笔和电阻有良好的接触。测得的电阻值就是万用表上显示的数据,单位是所选择的测量单位。

例如,当量程拨到"2k-200k"挡,单位是"kΩ",万用表读取的数据为"0.56",那么电阻阻值为 0.56 kΩ,即 560 Ω。

提 示

1. 如果被测电阻的阻值超出所选择量程的最大值,将显示过量程"1",这时应选择更高的量程。对于大于 1 MΩ 的电阻,读数要几秒钟后才能稳定,最终取稳定的读数。

2. 当没有接好时,即开路情况,仪表显示为"1",这时要检查表笔与电阻是否断开。

问题 2:实验电路已经按照电路接线图连接好了,烧录上代码之后,发现实验器件无法正常运行,有可能是因为电路中某个地方的接线没有接好,这时需要测量连接的器件两端是否有电压存在。若有电压,可以排除器件没有连接好的可能。如何利用数字万用表测量电路中器件两端的电压呢?

解决方案:下面以测量电源两端的电压为例予以说明。

第一步:将万用表的黑表笔插入 COM 孔,红表笔插入 VΩ 孔,万用表的旋钮调到比估计值大的量程。表盘上的数值均为最大量程,其中"V－"表示直流电压挡。

第二步:用表笔接器件的两端,保持接触稳定,不要用手触摸表笔的金属部分,这时数字万用表上显示出的数字就是此器件两端的电压值。

提 示

1. 如果万用表上显示的数字为“1”，说明选择的量程太小，需要调整旋钮，选择更大的量程后再进行测量。

2. 如果万用表上显示的数字左边出现“—”，表明表笔接反了，需要将表笔交换后再进行测量。

附录4　芯片封装简介

1　DIP 封装

DIP 指双列直插式封装(见图 1),绝大多数中小规模集成电路(IC)均采用这种封装形式。采用 DIP 封装的 IC 有两排引脚,引脚数一般不超过 100 个,需要插到具有 DIP 结构的芯片插座上。当然,也可以直接插在有相同焊孔数和几何排列的电路板上进行焊接。从芯片插座上插拔 DIP 封装的芯片时应特别小心,以免损坏引脚。

DIP 是最普及的插装型封装,应用范围包括标准逻辑 IC、存储器和微机电路等。

DIP 封装具有以下特点:

① 适合在 PCB 上穿孔焊接,操作方便。

② 芯片面积与封装面积之间的比值较大,故外形尺寸也较大。

图 1　DIP 封装图

2　QFP 封装

QFP 指方形扁平式封装(见图 2),采用此封装的芯片的引脚之间距离很小,引脚很细,一般大规模或超大型集成电路都采用这种封装形式。用这种形式封装的芯片必须采用 SMT(表面贴装技术)将芯片与主板焊接起来,芯片不必在主板上打孔,一般在主板表面上有设计好的相应管脚的焊点,将芯片各引脚对准相应的焊点,即可实现与主板的焊接。

QFP 封装具有以下特点:

① 适合用表面贴装技术在 PCB 上安装布线。

② 阻抗、自感非常低,适合高频使用。

③ 操作方便,可靠性高。

④ 芯片面积与封装面积之间的比值较小，故外形尺寸也较小。

⑤ 封装类型成熟，可采用传统的加工方法。

目前QFP封装的应用非常广泛，很多MCU厂家的芯片都采用了该封装。

图2　QFP封装图

3　BGA封装

随着集成电路技术的发展，对集成电路封装的要求也更加严格，这是因为封装技术关系到产品的功能性。当IC的频率超过100 MHz时，传统封装方式可能产生所谓的“CrossTalk”现象(即串扰现象。由于信号线之间存在分布电容，使得相邻信号之间会进行信号耦合，从而对芯片功能和内部时序等产生影响，信号频率越高，串扰现象越严重)，而且当IC的引脚数大于208时，采用传统的封装方式有一定的困难。因此，除使用QFP封装外，现今大多数的高引脚数芯片皆转为使用BGA(球栅触点阵列)封装(见图3)。

BGA封装具有以下特点：

① I/O引脚数虽然增多，但引脚之间的距离远大于QFP封装方式，提高了成品率。

② BGA的阵列焊球与基板的接触面大，有利于散热。

③ BGA的阵列焊球的引脚很短，缩短了信号的传输路径，减小了引线电感、电阻；信号传输延迟小，适用频率大大提高，因而可改善电路的性能。

④ 组装可用共面焊接，可靠性大大提高。

BGA适用于MCM的封装，能够实现MCM的高密度、高性能。

图3　BGA封装图

4 SO型封装

SO型封装包含：SOP(小外形封装，见图4)、TSOP(薄小外形封装)、SSOP(缩小型小外形封装)、VSOP(甚小外形封装)、SOIC(小外形集成电路封装)等。SO型封装是表面贴装型封装，类似于QFP封装，只是SO型封装只有两边有引脚，引脚从封装两侧引出，呈“L”形。

该类型封装的典型特点就是在封装芯片的周围做出很多引脚，封装操作方便，可靠性比较高，是目前的主流封装方式之一，比较常见的是应用于一些存储器类型的IC。

图4 SOP封装图

5 QFN封装

QFN指方形扁平无引脚封装，封装底部中央位置有一个大面积裸露焊盘用来导热，围绕大焊盘的封装外围四周有实现电气连接的导电焊盘。该封装可为正方形或长方形，封装四侧配置有电极触点，由于无引脚，贴装占用的面积比QFP小，高度比QFP低。

QFN封装具有以下特点：

① 表面贴装型封装，无引脚设计。

② 采用无引脚焊盘设计，占用更小的PCB面积。

③ 组件非常薄(小于1 mm)，可满足对空间有严格要求的应用的需求。

④ 具有非常低的阻抗、自感，可满足高速或者微波应用的需求。

⑤ 具有优异的散热性能，因为底部有大面积散热焊盘。

⑥ 重量轻，适合便携式应用。

QFN封装的小外形特点，使其可用于笔记本电脑、数码相机、个人数字助理(PDA)、移动电话等便携式消费电子产品。从市场的角度而言，QFN封装越来越多地受到用户的关注，考虑到成本、体积各方面的因素，QFN封装将会是未来几年的一个增长点，发展前景极为乐观。

图 5　QFN 封装图

6　PLCC 封装

PLCC 指带引线的塑料芯片载体，是一种表面贴装型封装（见图 6），引脚从封装的四个侧面引出，呈“丁”字形，外形尺寸比 DIP 封装小得多。PLCC 封装适合用表面贴装技术在 PCB 上安装布线，具有外形尺寸小、可靠性高等优点。

PLCC 为特殊引脚芯片封装，采用这种封装的芯片的引脚在芯片底部向内弯曲，因此在芯片的俯视图中是看不见芯片引脚的。采用这种封装时芯片的焊接采用回流焊工艺，需要专用的焊接设备，在调试时要取下芯片也很麻烦，现在已经很少用了。

图 6　PLCC 封装图

附录 5　Proteus 仿真软件的使用方法

Proteus 是英国 Labcenter Electronics 公司开发的电路分析与实物仿真软件。它运行于 Windows 操作系统上，可以仿真、分析各种模拟器件和集成电路，是目前最好的仿真单片机及外围器件的工具。下面以点亮一个发光二极管为例来简单介绍一下 Proteus 的使用方法(本书使用的操作系统版本为 Windows 10，Proteus 版本是 Proteus 7.5 SP3)。

软件安装完成之后，双击桌面上的 ISIS 7 Professional 图标或者单击屏幕左下方的“开始”→“所有程序”→“Proteus 7 Professional”→“ISIS 7 Professional”，进入 Proteus ISIS 工作环境，如图 1 所示。

图 1　Proteus ISIS 启动界面

1. Proteus ISIS 工作界面

Proteus ISIS 的工作界面是一种标准的 Windows 界面，包括：屏幕上方的标题栏、菜单栏、标准工具栏，屏幕左侧的绘图工具栏、元件选择按钮、元件列表、仿真调试按钮、预览窗口、对象选择器窗口，屏幕下方的状态栏，屏幕中间的图形编辑区，如图 2 所示。

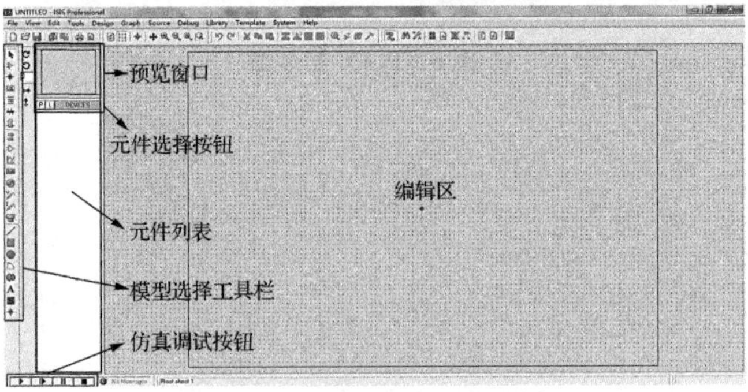

图 2　Proteus ISIS 工作界面

2. 元件搜索

单击元件选择按钮“P”(pick)，弹出元件选择窗口，如图 3 所示。

图 3　元件选择窗口

在左上角的“Keywords”文本框中输入需要的元件型号或者英文名称，比如 AT89C51(Microprocessor AT89C51)、Resistors(电阻)。不一定输入完整的名称，输入相应关键字能找到对应的元件就行，例如在文本框中输入“89C51”，得到如图 4 所示的结果。

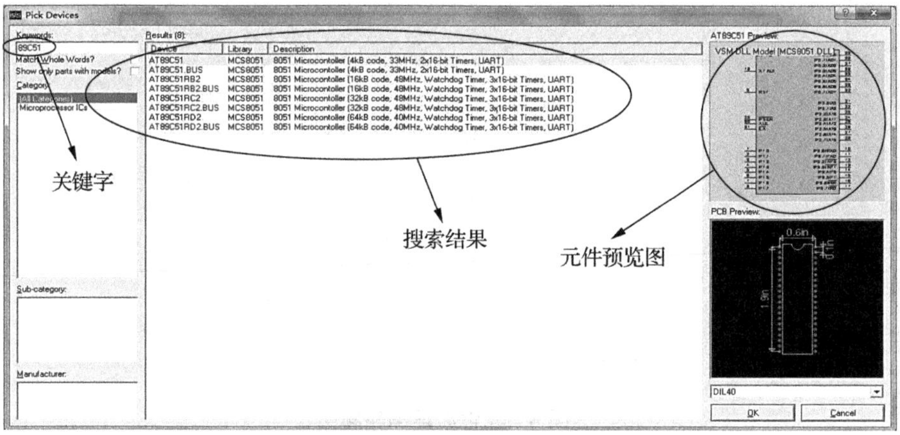

图 4　元件搜索结果

在出现的搜索结果中双击需要的元件，如图 5 所示，该元件便会添加到主窗口左侧的元件列表中，如图 6 所示。

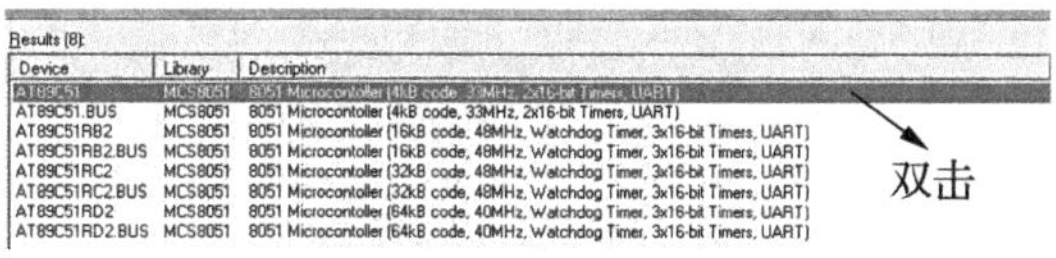

图 5　双击搜索到的元件

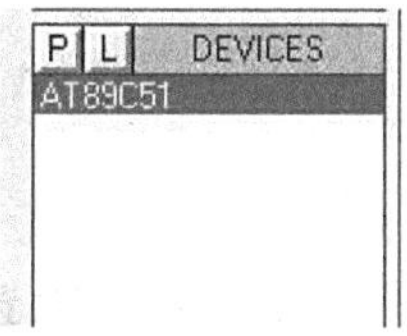

图 6　元件添加结果

元件搜索也可以通过搜索元件参数进行，比如需要使用 30 pF 的电容，可以在“Keywords”文本框中输入“30pF”。可以参考文末的“Proteus 常用元件库”来在“Keywords”文本框中输入关键字，根据前面介绍的方法，搜索并添加相关元件，如图 7 所示。

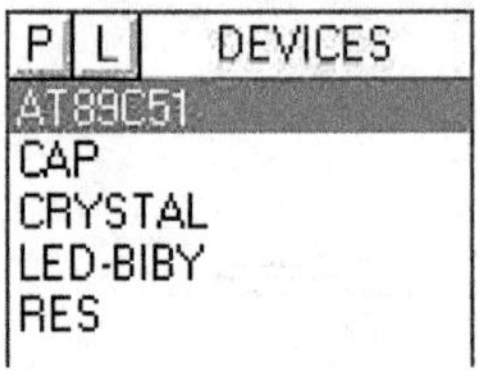

图 7 添加好的元件

3. 元件放置

在元件列表中单击选中所需元件，如 AT89C51，然后把鼠标移到右侧编辑区中，待鼠标变成铅笔形状后，单击左键，编辑区中出现一个 AT89C51 原理图的轮廓图，可以移动，如图 8 所示。移动鼠标到合适的位置后按下鼠标左键，元件原理图放置完成，如图 9 所示。

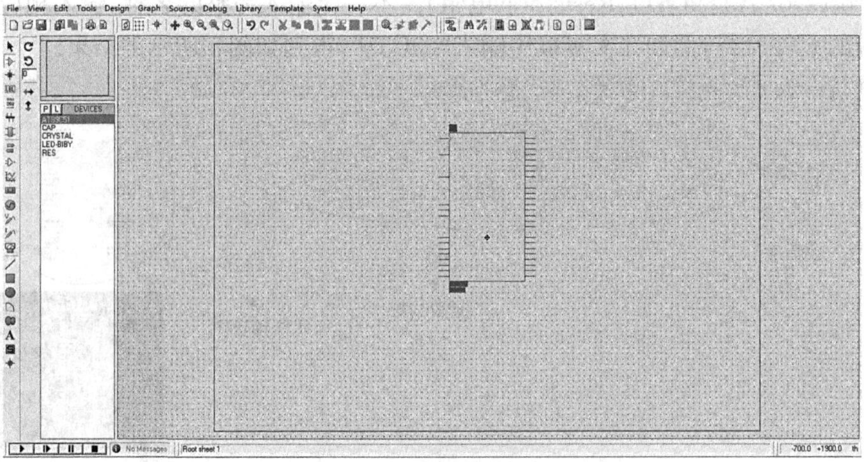

图 8 元件原理图轮廓图

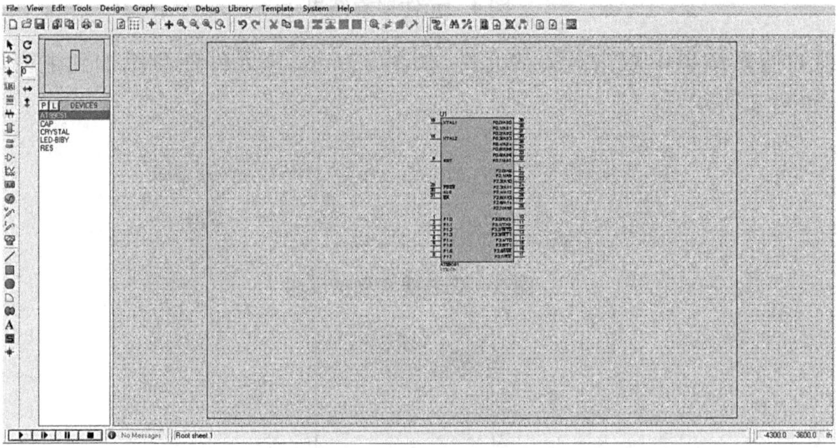

图 9 元件原理图放置图

依次将添加好的元件放置到编辑区的合适位置，如图 10 所示。放置元件常用的操作如下：

1）放置元件到编辑区

单击列表中的元件，然后在右侧的编辑区单击，即可将元件放置到编辑区。（每单击一次鼠标就绘制一个元件，在绘图区空白处单击右键即可结束这种状态）

2）删除元件

右击元件一次表示选中元件（被选中的元件呈红色），选中后再右击一次则是删除元件。

3）移动元件

右击选中元件，然后用左键拖动即可移动元件。

4）旋转元件

选中元件后按数字键盘上的“＋”或“－”键能实现 90°旋转。

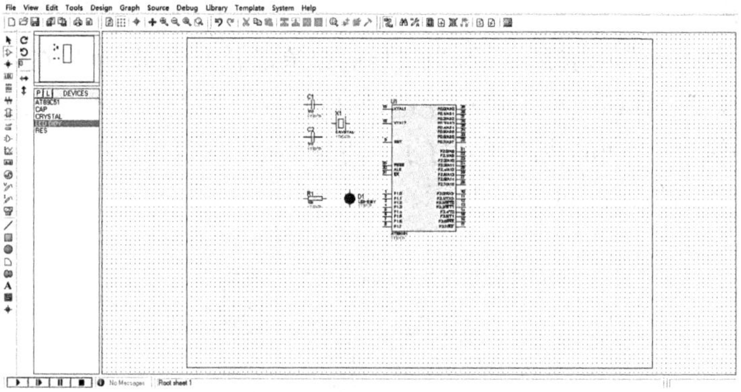

图 10　所需元件放置完成

以上操作也可以直接右击元件，在弹出的快捷菜单中直接选择相应选项完成，如图 11 所示。

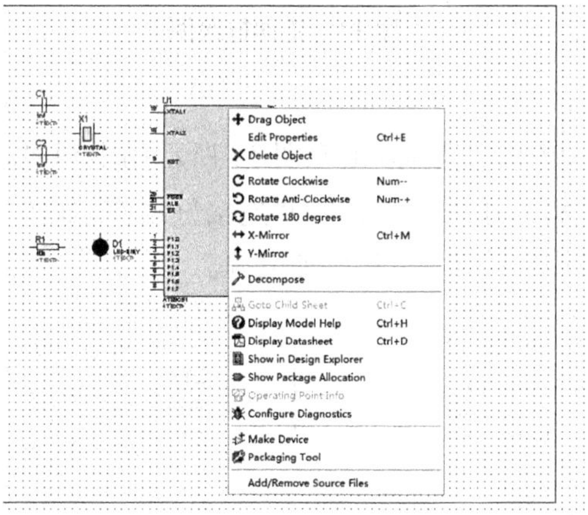

图 11　元件操作菜单

放大/缩小电路视图可通过直接滚动鼠标滚轮实现，视图会以鼠标指针为中心进行放大/缩小。编辑区没有滚动条，只能通过预览窗口来调节编辑区的可视范围。在预览窗口中移动绿色方框（如图 12 中黑框所示）的位置即可改变编辑区的可视范围。

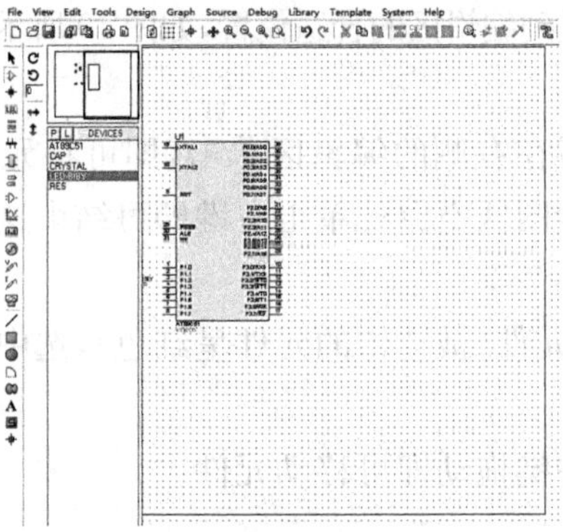

图 12 通过预览窗口改变编辑区可视范围

4. 元件连线

将鼠标指针靠近元件引脚的一端，当鼠标的铅笔形状变为绿色时，在引脚端出现红色方框，表示可以连线了。在该点单击鼠标左键，然后将鼠标移至另一个需要连线的元件一端，再次单击鼠标左键，两点间的线路就画好了。将鼠标指针靠近连线后双击右键可删除连线。依次连接好所有线路的元件如图 13 所示。

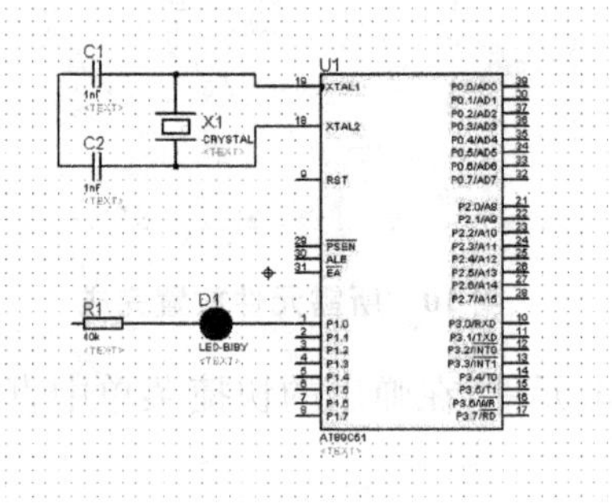

图 13 元件连线图

5. 添加电源和地

在模型选择工具栏中单击图标，出现图 14 所示的电源列表框，分别选择“POWER”（电源）和“GROUND”（地极），添加至编辑区并连接好线路，如图 15 所示。因为 Proteus 中单片机已默认提供电源，所以不用给单片机加电源。

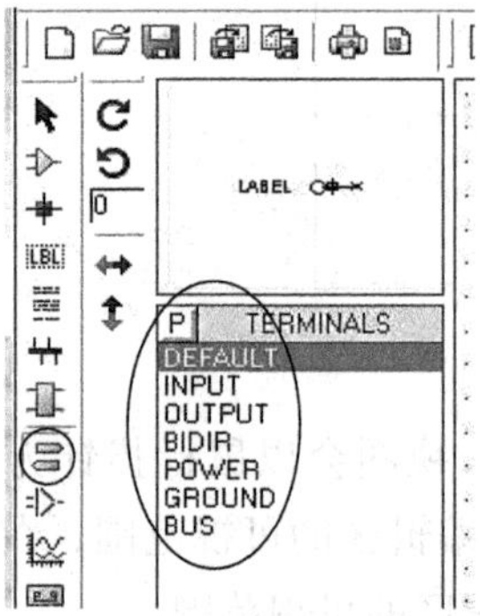

图 14 电源列表框

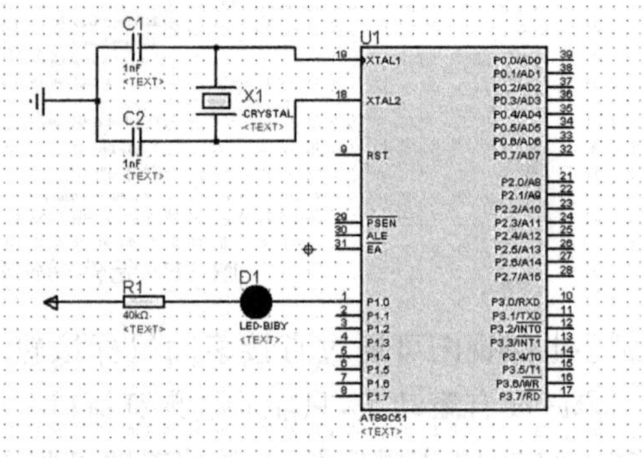

图 15 电源和地的连接

6. 编辑元件参数

双击元件，会弹出元件编辑对话框，如图 16 所示，双击电容，将其电容值改为 30 pF。

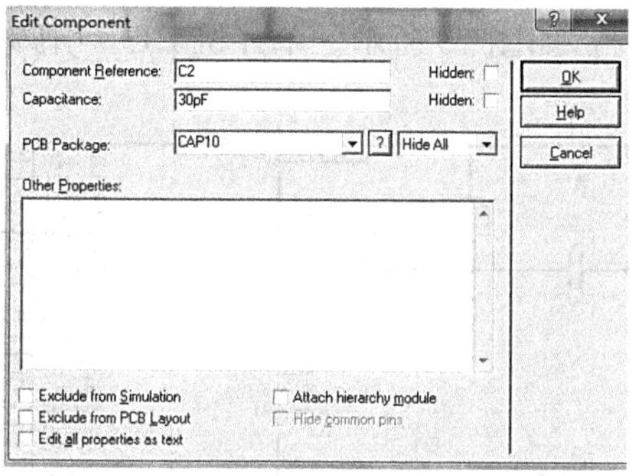

图 16　修改电容参数

依次设置各元件的参数，其中晶振频率为 11.059 2 MHz. 电阻阻值为 1 kΩ，电源为 +5 V。因为发光二极管的点亮电流为 3～10 mA，阴极给低电平，阳极接高电平，压降一般在 1.7 V，所以电阻值应该是(5－1.7) V/3.3 mA＝1 kΩ。

双击单片机，在打开的元件编辑对话框中单击，在随后打开的文件选择对话框中找到编写好的程序(其后辍名为.hex)，单击“打开”按钮，导入程序，如图 17 所示。

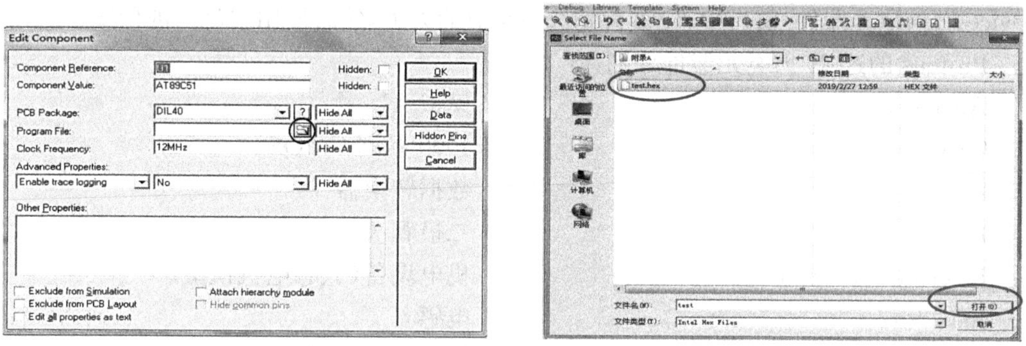

图 17　单片机导入程序

具体程序如下：

```
#include <reg51.h> //51 系列单片机定义文件
#define uint unsigned int//unsigned int 重新定义为 uint
#define uchar unsigned char//unsigned char 重新定义为 uchar
sbit LED=P1^0;//定义 P1.0 端口为 LED
void main()
{
  while(1)
  {
    LED=0;
  }
}
```

7. 仿真运行

仿真按钮从左到右依次表示运行、单步运行、暂停、停止。单击运行按钮，仿真图开始运行，如图 18 所示。单片机 P1.0 引脚为低电平，二极管被点亮。

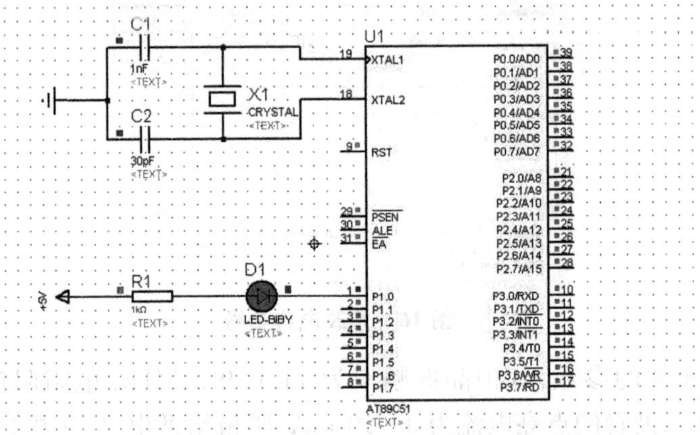

图 18　仿真运行结果

8. Proteus 常用元件库

Proteus 中常用的元器件被分成了 25 大类，为了方便快速地查找到相应器件，在"Pick Devices"(拾取元器件)窗口中，应该首先选中相应的大类，然后使用关键词进行搜索。

Proteus 的这 25 大类元器件分别为：

Analog ICs	模拟 IC
CMOS 4000 series	4000 系列 CMOS
Data Converters	数据转换器
Diodes	二极管
Electromechanical	机电设备(只有电机模型)
Inductors	电感
Laplace Primitives	Laplace 变换器
Memory ICs	存储器 IC
Microprocessor ICs	微处理器 IC
Miscellaneous	杂类(只有电灯和光敏电阻组成的设备)
Modelling Primitives	模型基元
Operational Amplifiers	运算放大器
Optoelectronics	光电子器件
Resistors	电阻
Simulator Primitives	仿真基元
Switches & Relays	开关和继电器
Transistors	晶体管
TTL 74、74ALS、74AS、74F、74HC、74HCT、74LS、74S series	74 系列集成电路

除此之外，还应熟悉常用器件的英文名称，列举如下：

AND	与门
ANTENNA	天线
BATTERY	直流电源(电池)
BELL	铃，钟
BRIDEG 1	整流桥(二极管)
BRIDEG 2	整流桥(集成块)
BUFFER	缓冲器
BUZZER	蜂鸣器
CAP	电容
CAPACITOR	电容
CAPACITOR POL	有极性电容
CAPVAR	可调电容
CIRCUIT BREAKER	熔断丝
COAX	同轴电缆
CON	插口
CRYSTAL	晶振
DB	并行插口
DIODE	二极管
DIODE SCHOTTKY	稳压二极管
DIODE VARACTOR	变容二极管
DPY_3-SEG	3 段 LED
DPY_7-SEG	7 段 LED
DPY_7-SEG_DP	7 段 LED(带小数点)
ELECTRO	电解电容
FUSE	熔断器
INDUCTOR	电感
INDUCTOR IRON	带铁芯电感
INDUCTOR3	可调电感
JFET N	N 沟道场效应管
JFET P	P 沟道场效应管
LAMP	灯泡
LAMP NEDN	启辉器
LED	发光二极管
METER	仪表
MICROPHONE	麦克风
MOSFET	MOS 管

MOTOR AC	交流电机
MOTOR SERVO	伺服电机
NAND	与非门
NOR	或非门
NOT	非门
NPN-PHOTO	感光三极管
OPAMP	运算放大器
OR	或门
PHOTO	感光二极管
PNP	PNP 三极管
NPN	NPN 三极管
POT	滑线变阻器
PELAY-DPDT	双刀双掷继电器
RES1. 2	电阻
RES3. 4	可变电阻
POT-LIN	滑动变阻器
BRIDGE	桥式电阻
RESPACK	电阻排
SCR	晶闸管
PLUG	插头
PLUG AC FEMALE	三相交流插头
SOCKET	插座
SOURCE CURRENT	电流源
SOURCE VOLTAGE	电压源
SPEAKER	扬声器
SW	开关
SW-DPDY	双刀双掷开关
SW-SPST	单刀单掷开关
SW-PB	按钮
THERMISTOR	电热调节器
TRANS1	变压器
TRANS2	可调变压器
TRIAC	三端双向可控硅
TRIODE	三极真空管
VARISTOR	变阻器
ZENER	齐纳二极管

参考文献

[1] 孟凤果. 单片机应用技术项目式教程(C 语言版)[M]. 北京:机械工业出版社,2018.

[2] 王云. 51 单片机 C 语言程序设计教程[M]. 北京:人民邮电出版社,2018.

[3] 郭天祥. 新概念 51 单片机 C 语言教程:入门、提高、开发、拓展全攻略[M]. 2 版. 北京:电子工业出版社,2018.

[4] 龚安顺,吴房胜. 单片机应用技术项目教程[M]. 北京:清华大学出版社,2017.

[5] 韩克,薛迎霄. 单片机应用技术:基于 C51 和 Proteus 的项目设计与仿真[M]. 北京:清华大学出版社,2017.

[6] 袁东,周新国. 51 单片机典型应用 30 例:基于 Proteus 仿真[M]. 北京:清华大学出版社,2016.

[7] 吴险峰. 51 单片机项目教程(C 语言版)[M]. 北京:人民邮电出版社,2016.

[8] 高玉芹. 单片机原理与应用及 C51 编程技术[M]. 2 版. 北京:机械工业出版社,2017.

[9] 林立,张俊亮,曹旭东,等. 单片机原理及应用:基于 Proteus 和 Keil C[M]. 4 版. 北京:电子工业出版社,2017.

[10] 张迎新,王盛军. 单片机初级教程:单片机基础[M]. 3 版. 北京:北京航空航天大学出版社,2015.

[11] 王会良,王东锋,董冠强. 单片机 C 语言应用 100 例[M]. 3 版. 北京:电子工业出版社,2012.

[12] 彭伟. 单片机 C 语言程序设计实训 100 例:基于 8051+Proteus 仿真[M]. 2 版. 北京:电子工业出版社,2012.

[13] 张俊谟. 单片机中级教程:原理与应用[M]. 2 版. 北京:北京航空航天大学出版社,2006.